『일본이 침몰한다고?』를 먼저 읽은
서평단 러블리비블리 기대평

몰랐다. 가구 배치 하나, 잠옷 차림 하나가 목숨을 좌우할 수 있다는 것을. 이 책은 막연한 공포를 주기보다 일상을 재정비하게 만들고, 살아남는 법을 말함으로써 삶을 돌아보게 한다. 낯선 나라에서 세 아이를 지키려는 한 엄마의 기록은 놀라울 만큼 구체적이다. 재난은 예고 없이 찾아오지만, 준비는 오늘부터 가능하다. 일단 이 책부터 읽어보기를 권한다.　　　　　_김수경 (교육사업가)

일본에 사는 한국 여성의 시선으로 본 일본 생활과 자연재해 경험이 담긴 이 책은 공공안전을 담당하는 입장에서 더욱 깊은 울림을 준다. 특히 지진과 쓰나미에 대한 일본의 대응 체계와 시민들의 준비 태세에 감탄하게 된다. 우리나라도 재해에 대한 대비와 대응이 더 체계적으로 자리 잡아야겠다는 생각이 들었고, 현장에서 안전을 책임지는 사람으로서 이 책이 많은 도움이 된다.

　　　　　_조남형 (서울시 공공안전관)

최근 잦은 재연재해 소식을 접해서인지 더 이상 남의 나라 일이 아니라는 생각이 들어 더욱 공감된다. 비상 상황에 대비한 현실적인 준비 방법은 물론, 불안을 다스리는 차분한 마음가짐까지 배울 수 있다. 딱딱한 정보가 아닌, 세 아이의 엄마로서 생활 속에서 전하는 이야기라 부담 없이 읽히고 따뜻하게 와닿는다. 재난을 대하는 삶의 태도를 생각하게 만드는 책이다.　　_윤소영 (콘텐츠마케터)

일본인 남편과 세 아이와 함께 살아가는 저자의 이야기를 통해 자연재해 속에서도 일상을 이어가는 일본 사회를 생생하게 들여다볼 수 있다. 지진과 쓰나미를 겪으며 느낀 감정들이 진솔하게 담겨 있어 공감과 위로를 전한다. 한국과 일본의 문화 차이를 경험담으로 풀어낸 서술이 흥미롭다. _김도연 (사서 교사)

일본이 침몰한다는 도서 제목에 솔직히 고소한 마음으로 읽기 시작했지만 내용은 무거웠다. 요즘 우리나라를 돌아보면 자연재해는 더 이상 일본만의 이야기가 아님을 실감하게 된다. 호기심 가득한 마음은 읽는 내내 경각심으로 바뀌었다. 각 가정에 소화기를 구비하듯 이 책도 지진 대비서로 준비해두면 좋겠다.

_김세련 (요가 강사)

"지진이 일상이라고?" 우리가 몰랐던 '지진과 함께 사는 법'을 알려주는 책. 저자의 남편이 일본 생활에 앞서 가르쳐준 게 '지진이 오면 현관문을 열라'는 생존법이라니. 담담함 속에 숨겨진 일본인의 두려움, 감정을 절제하는 그들만의 대응 방식, 매일을 준비하며 살아가는 '섬나라 근성'까지. 나와 같은 주부의 시선으로 풀어낸 현실적인 재난 인문서이자, 우리가 미처 준비하지 못한 내일을 돌아보게 하는 강력한 한 방이 있다. _조진주 (독서지도사)

약한 지진이라도 몸으로 직접 느꼈을 때의 공포가 아직도 생생하다. 그렇기에 일본에서 겪는 강력한 지진의 공포는 감히 상상조차 할 수 없다. 하지만 이 책을 통해 깨달은 더 큰 진실은 재난 이후의 삶이 더 무서운 현실이라는 점이다. 운이 좋아 재난을 피했다는 안도감으로 끝나는 이야기는 동화책 속 결말일 뿐이다. 우리는 그 이후에도 계속해서 일상을 살아내야 한다. 바로 이런 현실적인 관점에서 이 책은 우리 모두에게 꼭 필요한 지침서가 된다. _최하영 (수학 교사)

뭐, 일본이 침몰한다고?! 동일본 대지진을 예언한 일본 만화가의 꿈이, 2025년 7월 다시 현실로 일어난다. 믿거나 말거나. 화산폭발, 지진, 쓰나미는 더 이상 이웃 나라만의 이야기가 아니다. 재난 발생 시 4인 가족이 일주일 동안 마실 물만 84L, 비상용 화장실만 140회 분량! 20년간 재난 대비에 진심인 일본 거주 한국인 아줌마가 알려주는 재난의 모든 것, 이 한 권이면 준비 완료.

_박민정 (주부, 도시농부)

일본에 대지진이 닥치면 우리나라는 과연 안전할까? 나는 어떤 준비를 해야 할까? 대비를 한다고 자연이 주는 거대한 화를 막을 수 있을까? 이 책 한 권으로 수많은 질문을 던지게 되었다. 재난을 겪고도 평소와 같은 일상을 살아내는 그들의 단단한 마음가짐에서 큰 울림을 받았다.

_김애주 (여행가)

사랑만 변하는 게 아니라 지진을 느끼는 감각도 경험이 쌓이면 변한다는 것을 몸소 체험한 나운영 저자는 20년째 일본에서 살고 있다. 재난을 바라보는 우리나라와 일본의 문화적 차이를 이해하게 되는 책이다. 2011년 동일본 대지진을 예언했던 만화가가 쓴 책에서 2025년 7월 대지진을 또 예언했다는데, 일본은 어떤 대비를 하고 있을까 무척 궁금하게 만드는 책이다.

_김선희 (수학 강사)

다시는 겪고 싶지 않은 지진의 공포

일본이 침몰한다고?

동일본 대지진 경험자의 실전 생존 매뉴얼

The fear of an earthquake that one
would never want to experience again

What if Japan Sank?
Survival manual based on the
experiences of The 2011 Tohoku earthquake and tsunami

Written by Nah Unyoung.
Published by BOOK OF LEGEND Publishing Co., 2025.

일본이 침몰한다고?

다시는
겪고 싶지 않은
지진의 공포

나운영 지음

동일본 대지진 경험자의
실전 생존 매뉴얼

책이라는 신화
BOOK OF LEGEND

2011년 3월 11일 동일본 대지진으로 화재가 발생한 정유 공장. 규모 9.0의 강력한 대지진을 시작으로 수차례 쓰나미가 몰려왔다. 밤새 여진을 겪었고 다음 날 오후에 접한 후쿠시마 제1원자력 발전소 폭발 소식까지. TV 속보로 맘 졸이며 시청하던 기억이 떠오른다.

동일본 대지진 발생 닷새째. 일본 이와테현 오후나토에 있는 한 편의점의 텅 빈 식료품 코너. 나 역시 지진 바로 다음 날 아침 문 열자마자 마트로 달려갔으나 이미 쌀과 필요한 물건은 동이 난 상태였다. 이것이 큰 재해가 발생한 뒤에는 이미 늦다고 강조하는 이유이다. 평소에 미리 충분한 양을 준비하라!

제염작업 후 오염된 토양과 나뭇잎 등을 담은 검은색 커다란 비닐 봉지가 쌓여 있다. 2013년 2월 22일에 촬영된 모습이다. 내가 살던 가시와시의 모든 공원과 놀이터, 학교 등 공공시설도 오랜 시간 제염작업을 진행했다. 대지진 발생 5년 뒤 가족 여행으로 찾은 후쿠시마에도 검은 봉지 무리가 곳곳에 쌓여 있었다.

사진 : 연합뉴스

2011년 3월 21일자 사진. 일본 북동부 이와테현 리쿠젠타카타 해안 도시에서 16세 고등학생 스가와라 히로키(왼쪽)가 꽃으로 장식된 차에 누워 있는 모습이다. 그를 대피소로 데려온 아버지(오른쪽)가 그에게 마지막 인사를 건네며 고개를 숙이고 있다. 동일본 대지진의 처참함을 한 장의 사진으로 보여준다.

2013년 3월 11일, 2년 전 대지진과 쓰나미로 폐허가 된 일본 미야기현 미나미산리쿠의 방
재대책청사 앞에서 희생자들을 위해 기도하고 있다. 내가 미나미산리쿠를 방문했던 2016년
에도 곳곳에서 애도와 추모의 흔적을 발견할 수 있었다. 우리 가족은 사고에도 유일하게 남
아 있던 소방서 철제 구조물에서 희생자들을 기리며 묵념했다.

2023년 11월 30일 오전 4시 55분께 경북 경주시 동남동쪽 19㎞ 지점(경주시 문무대왕면)에서 규모 4.0 지진이 발생했다. 이날 오후 경북 경주시 서라벌여자중학교에서 학생들이 지진대피 훈련을 하고 있다. 한국과 가까운 일본 규슈 쪽이 쓰나미의 여파를 받는다면 한국의 동남해안도 더 이상 안전지대가 아니다. 더 체계적인 대비가 필요한 이유이다.

프롤로그

나의 한 맺힌 지진사

2011년 3월 11일, 규모 9.0의 동일본 대지진을 겪고 전 처음으로 이혼을 생각했습니다.

일본으로 시집만 오지 않았더라면 내 평생 겪지 않아도 되는 이런 무시무시한 지진을 겪고 나니 그저 '이혼'만이 이 무서운 곳에서 도망칠 수 있는 유일한 방법으로 보이더군요.

지진 당일 밤, 강력한 지진으로 수도권 전철은 멈춰 섰고 당연한 수순대로 그날 밤은 어느 집이고 남편들이 돌아오지 못했습니다. 엄마들은 아빠들을 대신해 아이들과 한집에 머물며 상황을 주시하기로 했습니다. 더 큰 지진이 또 일어날지 한 치 앞을 모르는 상황. 아직 어렸던 아이들은 낮에 온 대형 지진의 공포는 어느덧 잊고 캠핑하는 것 같다며 들떠 있었습니다. 자정이 되어서야 엄마들은 흥분한 아이들을 한방에 재우고 TV 앞에 모여 앉았습니다.

그러나 곤히 잠든 아이들을 깨울 정도로 밤새 여진(큰 지진 후 자잘하게 일어나는 이후의 지진들)을 알리던 날 선 경보음들. 거리에 계속해서 늘어만 나는 사람들을 보여주는 도쿄 인근의 피해 상황, 도호쿠 지방의 대형 쓰나미 소식, 그리고 피날레로 후쿠시마 제1원전 폭발 뉴스가 보도되던 다음 날까지 그 스펙터클했던 24시간은 그야말로 이 세상의 종말이 아닐까 싶었습니다.

어떻게 버텼는지 기억도 나지 않는 긴긴밤이 지나고 아침이 되자 불안해진 엄마들은 슈퍼에 가서 뭐라도 사오겠다며 집을 나섰습니다. 가는 김에 사다 주겠다고 뭐 필요한 거 없냐고 물으러 온 이웃에게 다 떨어져가는 쌀을 부탁했습니다. 하지만 슈퍼마켓에서 살 수 있는 물건은 이미 남아 있지 않았습니다. 밤새 불안한 민심이 아침이 오기도 전에 동네 슈퍼와 편의점을 텅텅 빈 곳으로 만든 후였습니다. 그리고 오후가 넘어가면서 도쿄에서 남편들이 걸어서 돌아오기 시작했습니다. 기본 7시간이라는 영웅담을 만들어서 말이지요.

바로 일상을 되찾지 못한 건 저뿐이었습니다. 같은 연립에 살던 일본인 이웃들은 또 하루가 지나자 바로 원상을 회복했습니다. 아니, 그 큰 지진이 바로 엊그제였는데 월요일이 되자 남편들은 걸어서라도 출근을 하겠다며 운동화를 준비해 이른 아침 길을 나섰습니다. 혹자는 자전거를 타고서라도 출근을 해보겠다는 이도 있었습니다. 비상 상황에서 운행되고 있던 만원 전철의 혼잡을 피해, 사람 좀 빠지면 타려고 근처 커피숍에서 대기하던 남편은 "아니, 다른 사람들은 다 왔는데 왜 아직 출근 안 하느냐"는 채근이 담긴 회사 전화를 받아야 했습니다.

엄마들은 아이들을 평소처럼 피아노 학원, 수영장에 보냈고, 밤에는 늘 하던 것처럼 목욕을 하고 잠자리에 든다고도 했습니다.

당장 동네 슈퍼마켓과 편의점에 쌀과 물과 라면과 일회용품이 똑떨어져서 그렇지, 그렇게 지진 후에도 이상한(?) 일상은 조용히 이어져 나갔습니다.

이렇게 '거대 지진과 대형 쓰나미' 두 개가 합쳐졌던 동일본 대지진을 겪고 난 후 드러난 차이점은 저와 이곳 사람들 간의 극명한 대처 방법과 태도였습니다. 태어나서 처음으로 대형 지진을 눈앞에서 경험한 후 전 어떻게 하면 한시라도 빨리 이 나라를 뜰 수 있을까만을 고민했습니다. 반면 일본인 남편을 포함해 이곳 사람들은 그런 일이 있었지라는 감각으로 대인배처럼 그냥 지진이 일어나기 전 일상을 이어나갔습니다.

"지진 앞에선 어떡할 수가 없어! 그냥 털고 일어나 살던 대로 사는 거야!"

이건 뭐 다들 거의 내일 지구가 멸망할지라도 한 그루의 사과나무를 심겠다는 심산입니다. 담담함을 넘어선 저세상 수준의 대처 방법. 한국인인 저는 도저히 따라갈 수 없는 마음가짐. 따라가려고 해도 뭔가 차원이 다른 커다란 벽을 만난 느낌이었습니다.

지진 한 달 후 겨우겨우 구한 비행기 티켓으로 결국 저는 당시 한 살,

세 살, 다섯 살 어린아이들을 데리고 6개월 동안 한국으로 피난을 나왔습니다. 회사 가야 해서 홀로 남겨진 남편은 고독과 여진, 단수 조치, 계획 절전이라는 공포와 여러 가지 불편 속에서 6개월을 살아야 했다고 지금도 회상합니다.

그날을 계기로 또 하나 바뀐 것이 있습니다. 지진 타령입니다.
"나도 지진이 뭔지 좀 경험해보고 싶어!"
"에이, 지진 겪어보니 별거 아니네~!"
2004년 교환대학원생으로 일본으로 처음 건너왔을 때, 일본인들이 스몰토크 삼아 지진을 경험해봤냐고 묻는 말에 저는 언제 어디서건 저렇게 대답을 했답니다.

예상하셨겠지만 이후 굵직굵직한 지진을 겪으며 점차 '지진은 결코 농담거리로 삼을 대상이 아니다'라는 걸 느끼기까지 그리 오랜 시간이 걸리지는 않았습니다.

오죽했으면 일본 속담에 세상에서 젤 무서운 것이 '地震(지진), 火事(화재), おやじ(아버지)'라는 말이 있을 정도이겠습니까!

대대손손 일본에서 제일 무서운 것 중 일등으로 뽑히며 존재감을 과시해온 지진. 일본 열도를 순식간에 쑥대밭으로 갈아엎어버릴 힘을 지닌 거대한 이 녀석은 아주 오래전부터 그 위엄을 과시하며 여기 살던 일본인들에게 결코 대항할 수 없음을 학습시켜왔을 것입니다.

그렇습니다. 저도 그렇고 제 가족들도 그렇고 일본 망해라, 일본 침몰해라, 대놓고 일본을 뭐라고 하지 못하게 된 건 제가 일본인과 결혼하면서부터였습니다.

매해 태풍이 발생해서 북상하는 루트를 보면서 제주도 부근에서 일본 쪽으로 빠지면 쾌재를 불렀던 어린 시절의 마음가짐은 이제 더 이상 제게 없습니다. 이제는 태풍이 어느 나라 쪽으로 올라가건 걱정을 해야 할 처지에 놓여 있기 때문입니다. 한일가족. 한국에는 원가족이, 그리고 이곳 일본에는 제가 이룬 가정이 있기 때문이지요.

그런데 사람이 꼭 죽으라는 법은 없는가봅니다.

그렇게 지진에 떨며 밤에도 여차하면 뛰어나갈 수 있도록 목 늘어난 면티와 보풀 난 헐렁한 바지가 아니라 언제든 밖으로 나가도 창피하지 않을 '제대로 된 잠옷'을 갖춰 입고 자기 시작했던 제게 큰 행운이 찾아온 것입니다.

바로 남편의 지방발령! 2017년 3월부터 지진 발생 위험 제1순위 도쿄 인근 도시였던 남편의 고향 지바현 가시와시에서 탈출해 일본의 정중앙 기후현 기후시에서 살게 된 겁니다. 물론 일본 어디를 가더라도 지진을 피할 수 없는 것은 자명한 사실입니다. 그러나 기후현은 그나마 도쿄, 지바와 비교해 조금은 지진이 덜한 비교적 안전한 지역이었습니다. 바다도 없는 내륙 지방인데다 지진보다 당시 더 공포에 떨게 했던 방사능 농산물 생산 지역과 많이 떨어져 있었습니다.

저는 서서히 지진의 공포를 잊고 살 수 있게 되었습니다. 그렇게 평생 잊지 못할 것 같은 그 극도의 공포를 말이지요.

시간은 흘러 2021년. 무려 10년이 지난 뒤 그렇게 잊고 살던 '대재해', '지진', '쓰나미', '일본 침몰'이라는 키워드는 다른 형태로 다시 한 번 저를 찾아왔습니다. 바로 2011년 3월 11일 동일본 대지진을 날짜까지 맞춘 예지몽 만화가 다쓰키 료 씨가 쓴 『내가 본 미래』라는 책의 존재를 우연히 알게 된 겁니다.

동일본 대지진이 일어난 2011년 3월 11일보다 무려 12년 전에 출간된 책이었습니다. 그런데 그 책에서 예언한 그달에 실제로 동일본 대지진이 발생한 것이 뒤늦게 알려지면서 일약 주목을 받게 됩니다. 그러나 책은 이미 절판된 상태였고, 작가는 두문불출 상태. 책은 그 희귀함 때문에 일본 옥션에서는 10만 엔이 넘는 가격으로 거래되는 등 점점 노스트라다무스도 울고 갈 정도로 그야말로 '환상의 예언만화'로 만들어져가고 있었습니다. 책을 살 수 없다고 하니 더욱더 궁금해진 저 역시 여러 유튜브 동영상을 보면서 조금씩 궁금증을 해소해나가고 있을 무렵이었습니다.

그러던 어느 날 동네 서점에 갔는데 아니, 절판되어 10만 엔이라는 웃돈을 주고도 못 산다는 그 책이 서점 매대에 딱 올라 있는 게 아닙니까!

자신을 사칭하는 이까지 나오고, 자신의 의도와는 달리 부풀려지고 과장되어 전혀 다르게 해석되어가던 책을 바로잡기 위해 22년간 잠수를 타고 있던 작가 본인이 뒤늦게 수습에 나선 겁니다.

저는 당장 그 책을 사왔고, 물론 그 자리에서 바로 다 읽어버렸습니다. 그리고 무슨 사명감인지 오지랖인지 한국에 잘못 알려진 사실들을 바로잡을 겸, 저 또한 어떤 내용인지 다시 한 번 정리도 할 겸, 거의 전문 번역에 가까운 완벽한 리뷰를 하게 됩니다. 제 블로그 〈일본국 운영낭자〉에 켈리더시스템이라는 필명을 사용해서 말이죠.

그때부터 사람들이 얼마나 일본의 지진과 침몰(?)에 관심이 많은지를 알게 되기까지는 그리 많은 시간이 걸리지 않았습니다.

일본에서 간밤에 무슨 지진이 났다더라는 뉴스가 한국에서 보도되는 다음 날이면 제 블로그는 소위 '떡상'을 했습니다. 일본어 학습 분야를 다루던 제 블로그의 방문자 수는 하루에 많아야 300을 넘지 않았습니다. 하지만 이 '떡상' 후에는 1만 3,000을 찍을 정도가 됩니다. 그래서 요즘은 일본에 좀 큰 지진이 난 날이면 다음 날 블로그 방문자 수가 다 기대될 정도입니다. 그리고 그런 날이면 이거 일본어 접고 재난 해설 전문가가 되어야 하나 자조적으로 말할 정도입니다.

혹자는 저의 정성스런 책 리뷰에 감사함을 남겼습니다. 또 책 내용보다 더한 자기만 알고 있는 더 어마어마한 예언을 보너스처럼 넌지시 비밀댓글로 알려주는 이도 있었습니다. 물론 뭘 이딴 걸 믿느냐며 딴지를 거시는 분도 있었습니다.

아니, 왜 저한테 이러시는데요? 제가 한 예언이 아니잖아요! 그저 묵묵히 그들의 다양한 반응을 바라볼 뿐이었습니다. 그나저나 제가 살고 있는 이곳 일본에 그런 엄청난 일이 또 일어날지도 모른다고 하니 궁금하고 걱정되긴 매한가지였습니다.

책에서 다시 한 번 일본에 커다란 지진과 함께 대형 쓰나미가 몰려와 대재난이 일어난다고 예언한 해가 바로 2025년 7월입니다.

어느 날 갑자기 느닷없이 당해야만 했던 2011년 3월 11일 동일본 대지진에서 배운 것이 분명 있습니다. 그래서 전 그때 그 경험을 교훈 삼아 이번에는 제대로 된 준비를 해보려고 합니다. 예언이야 안 맞으면 뭐 다행이죠. 그리고 만에 하나 예언이 딱 맞더라도 다소나마 마음의 대비는 될 것입니다. 그래야 갈 때 가더라도(?!) 덜 억울할 것입니다.

2025년 6월

나운영

목 차

제2부_지진 탐구생활

제1부 _ 내가 겪을 미래

과거로 돌아가 바꿀 순 없지만,

지금 있는 곳에서 다시 시작해 결말을 바꿀 수는 있다.

(영국 소설가 C.S. 루이스)

예행연습 vs 전조현상

예언은 또 다른 예언에 올라타기를 좋아합니다. 그럴싸한 누군가의 예언에 숟가락 얹기는 간단한 법이거든요. 어느 정도인가 하면 황당하지만 올해가 2025년이 아니라 실은 1999년이 된다는 설이 있습니다. 현재 우리가 사용하고 있는 서력은 서기 525년, 디오니시우스 엑시구스Dionysius Exiguus가 예수가 탄생했다고 추정한 해를 기원(紀元)으로 합니다.

문제는 그가 구체적으로 무엇을 근거로 예수의 탄생년이 로마기원 754년이라고 판단했는지는 밝히지 않고 있어 태생부터 숫자적인 오류를 갖고 있습니다. 이런 점 때문에 현대 학자들은 예수가 서력기원(西曆紀元) 원년이 아닌 기원전에 출생했다고 봅니다. 헤로데 대왕이 아기 예수를 죽이려 했다는 성경의 기록, 헤로데가 기원전 4년에 사망했다는 점을 결합해 기원전 4년에 출생했다는 설이 가장 대중적입니다. 한국에서 출판되는 대부분 역사 교과서 부록에도 기원전 4년으로 서술하고 있습니다. 가톨릭에선 헤로데가 예수를 죽이려 하자

요셉과 성모 마리아가 예수를 데리고 이집트로 피신했다가 헤로데가 죽자 이스라엘로 돌아왔단 서술을 적용해 그보다 좀 더 전인 기원전 6년쯤이라는 설을 지지하는 이들도 많습니다.

세례를 받은 나이도 30세 전후. 당시 유대 사회에서는 이 나이가 종교적 지도자로서 공식적인 가르침을 시작할 수 있는 적절한 나이로 여겨졌습니다. 이 정보를 바탕으로 만약 예수의 탄생을 기원전 4년으로 가정하고 예수가 30세에 세례를 받았다고 치면 그 해는 서력 26년경이 됩니다. 2025년에서 이 26년을 빼면 바로 올해가 바로 그 1999년이 되는 것이지요. 1999년!? 그럼 그 옛날 노스트라다무스의 1999년 7월 예언은 실제로는 2025년 7월이 된다는 것입니다. '공포의 왕이 내려온다'는 그러니까 지난 1999년에 안 내려왔던 게 아니라 아직 때가 아니라 못 내려왔던 게 됩니다. 그리고 드디어 올해, 그때가 되어 7월에 진짜 내려온다는 것입니다.

미국 애리조나주 북동부의 푸에블로 인디언 호피Hopi족의 푸른 별 카치나kachina(신神이라는 뜻) 예언도 있습니다. 푸른 별 카치나가 하늘에 나타나면 제5시대가 시작된다는 예언이죠. 그런데 2024년 5월 18일 스페인과 포르투갈에서 파란색 섬광을 내며 떨어지는 유성이 관측되어 또 한참 세상이 떠들썩했습니다.

호피족 전설에는 지금까지 다섯 시대가 있었는데 제1시대는 불, 제2시대는 얼음, 제3시대는 물에 의해서 멸망하고 지금은 제4시대인데,

제4시대에는 푸른 별 카치나가 하늘에서 나타나면서부터 그 뒤에 붉은 별이 나타나기 전 7년 동안 정화가 시작된다고 보고 있습니다. 그러니 호사가들은 공포의 왕도 그렇고 카치나 예언도 그렇고 이 두 예언 모두가 하늘에서 떨어질 거대한 운석으로 인한 재해를 예언하고 있다고 풀이합니다. 그리고 그 운석이 바다에 떨어지면서 대형 쓰나미로 이어진다며 다쓰키 료 씨의 2025년 7월 대재난설을 서포트하는 형국이 되지요.

일본이라고 조용하지는 않았습니다. 지난 2024년 8월 14일. 그날 밤은 어쩌면 일본에서 일어날지도 모를 그 뭔가(?) 때문에 아주 뜨거운 기대로 인터넷 세상이 후끈 달아올라 있었습니다. 그 열기에 힘입어 제 블로그도 만들어진 이래 하늘 높은 줄 모르고 치솟던 조회수가 1만을 훌쩍 넘어가고 있었지요. 왜냐하면 이날이 바로 그날이었거든요! 자칭 일본의 타임트래블러라는 자가 난카이 해곡 대지진이 일어났다고 무려 2018년에 트윗을 날려놨던 대망의 그날 말이지요.

2024年8月14日に南海トラフはおこります.
2024년 8월 14일에 난카이 해곡 대지진은 일어납니다.
(2018년 1월 4일 트위터 LLY 미래인 예언 중에서)

난카이 해곡 대지진 예언을 찾아 떠난 저만의 여행은 전혀 기대치 않았던 곳에서 이렇게 새로운 형식의 예언을 만나게 되었습니다. 그건 바로 과거 트위터(현 엑스)에 LLY라는, 자칭 2052년에서 왔다는 일본인 타임트래블러와의 조우였습니다. 그는 자신의 트위터에 자신이 한 살이던 2024년 8월 15일에 난카이 해곡 대지진을 경험했다는 것입니다. '일어난다'가 아니라 '일어났다'라는 과거형. 게다가 당시 분위기도 한몫했던 게 하필이면 2024년 8월 8일부터 8월 15일까지는 일본 기상청이 생긴 이래 처음으로 난카이 해곡 대지진 주의보가 내려진 상태였던 겁니다.

그렇게 마치 까마귀가 날자 배가 떨어질 것처럼 그날의 분위기는 더없이 달아올랐지요. 진짜 예언과 조건이 모두 갖춰졌으니 그날을 넘기기 전에 지진과 쓰나미만 오면 되는 상황이었습니다.

그러나 이 일을 어째! 안타깝게도 자정이 지나 새벽 한 시가 다 되어가도록 그 둘 중 어떤 것도 찾아오지 않고 대단원의 막을 내립니다. 왠지 모를 이 실망감(?)은 1999년 노스트라다무스가 지구가 멸망한다고 예언했던 그날 밤에도 맛봤던 감정과 비슷한 느낌이었습니다.

비슷한 일은 또 하나 있었습니다. 윤석열 대통령 탄핵이 가결된 2024년 12월 14일 토요일 다음 날이었습니다. 전날 탄핵 관련 뉴스를 계속 검색했던 전과(?) 때문인지, 제 화면에 어떤 유튜브 방송이 추천으로 뜨더군요. 이것도 재난 해설 전문 블로거의 필연적 운명이라면 운명인지 뭔가에 이끌린 듯 그 동영상을 클릭했고, 그리고 전

전혀 뜻하지도 않은 곳에서 다음과 같은 예언을 접하게 됩니다.

"2025년 7월에서 9월 사이에 사악한 자들이 일본과 한국의 **남쪽 먼 바다**에 아주 큰 폭탄을 투하합니다. 그런데 그들은 인간이 아닙니다. 그것으로 인하여 지축의 변화라고 하는 지각의 변화가 생기는데, 이 땅의 **서쪽이 융기하고, 동쪽과 남쪽이 수장됩니다.** 그대들이 들으면 나의 이야기가 들리지 않을 겁니다. 그나마, 그대들이 많은 깨어 있는 이들에게 그들의 악행을 깊이 파고들었기에 나의 글들이 도움이 되리라 생각하며 이렇게 글을 씁니다."

그는 용산 대통령실 주술 관련 제보자라는 백○ 도사라는 분이라고 했습니다. 그런데 이것은 그것이었습니다. '아주 큰 폭탄을 투하한다'는 것은 호사카 유지 교수가 관련 유튜브에서 소개했던 베트남전쟁 당시 잃어버린 수소폭탄의 폭탄설과도 겹쳤고, '일본과 한국의 남쪽 먼바다에서 지축이 변화하는 지각 변화'란 난카이 해곡 대지진과도 겹치는 것입니다. 게다가 예언 날짜도 하필이면 2025년 7월에서 9월 사이??? 아니, 예지몽 만화가 다쓰키 료 씨도 예언했던 그 예언과 상황이며 시기가 딱 맞물려 떨어지는 겁니다.

자, 만약 예상대로 안타깝지만 2025년 7월 대재난이 일어났다고 칩시다. 그럼 바로 이 소식은 일본뿐만 아니라 전 세계에 속보로 전해질 것입니다. 물론 한국에도요. 사람들 반응은 양극으로 나뉘겠죠? 백○ 도사나 다쓰키 료 씨의 예언을 믿었던 사람이었다면 "그 사람들 허 참, 아주 용하네~!"라며 이들의 예언 능력에 감탄해 마지않을 것입니다. 반면 예언을 믿지 않거나 몰랐던 이들은 그저 사건·사고 많은 한국처럼 자연재해가 많은 일본에, 과거에 조상들이 지은 죄(?)가 많은 일본이 '마땅히' 벌을 받았구나 하실 분들도 계실 겁니다. 이때 조금 더 궁금해진 이들은 바로 검색해볼 것입니다. 백○ 도사의 예언을 보도한 그 유튜브 영상은 성지순례 장소가 되어가고 있겠죠. 아, 물론 일본에서 대형 지진 피해가 날 때마다 소위 떡상을 하는 저의 재난 해설 전문 블로그도 다시 한 번 엄청난 속도로 방문자 수가 늘어나고 있겠죠. 갑자기 치솟는 숫자를 보며 놀라워하며 한편으로 좋아하고 있을 여유가 있다면, 오히려 제가 무사하다는 증거가 될 것입니다.

이렇듯 모든 일에는 일어나기 전에만 유독 잘 보이고 혹하게 만드는 것들이 등장합니다. 그리고 우리는 지금 유독 그런 것들만 더 잘 보이는 그 경계선에 서 있는 것만은 아주 명확해 보입니다.

제1장

다시 뜯어보는
『내가 본 미래 완전판』 분석기

사실 이 책 초판이 나온 시점도 지금 와서 살펴보면 아주 타이밍
이 절묘했습니다. 그도 그럴 것이 책이 나왔던 1999년은 세기의 대예
언가 노스트라다무스가 '공포의 왕이 내려온다'는 예언으로 유명했
던 한 해였기 때문이죠. 1999년 7월 '공포의 왕'을 20세기 말에 걸맞
게 핵전쟁이니 제3차 세계대전 등으로 많이들 풀어냈지만 결국 그해,
그 예언은 멋지게 빗나가 많은 사람들을 실망하게(?) 만들기도 했습
니다.

그렇게 그 대예언이 빗나간 후 마치 바통을 이어받는 듯 이 책『내가
본 미래』 초판이 세상에 선보입니다. 지은이는 만화가 다쓰키 료 씨.
여성입니다. 1954년생이니까 올해로 71세가 되시겠네요.

물론 초판이 나왔을 때는 세간의 관심을 받지 못합니다. 이 책의
터닝포인트는 출판 후 12년이 넘어간 2011년 3월 11일 동일본 대지
진 발생 후. 초판 책 겉표지에 정확하게 쓰여 있던 이 한 부분 때문이
었습니다.

大震災は2011年3月

대재해는 2011년 3월

12년 전인 1999년부터 이미 예지된 2011년의 대재앙이 그대로 그해 그달에 진짜 일어났던 겁니다. 날짜까지는 예지되어 있지 않았지만, 너무나도 정확한 연도와 월에 많은 사람들이 '뭐지 이 만화?'라며 드디어 궁금해하기 시작했겠죠? 그렇게 이 책은 뒤늦게 세간의 이목을 받습니다. 12년 만에 사람들 입방아에 오르내리며 신화가 만들어지기 시작합니다.

그리고 지금 저를 포함, 많은 사람들이 가장 큰 관심을 가지는 예언은 2021년 가필해 내놓은 『내가 본 미래 완전판』에 새롭게 예언된 '진짜 대재난은 2025년 7월에 찾아온다(本当の大災難は2025年 7月にやってくる)'에 관한 것입니다. 이상한 것은 후에 만들어진 날짜와 시간이었습니다. 이 책을 읽어보신 분은 눈치채시겠지만 분명 책에는 정확한 날짜나 발생 예상 시간은 언급하고 있지 않습니다.

그런데 언젠가부터 대재난 예언은 2025년 7월 5일 새벽 4시 18분으로 확정되어 돌아다니기 시작했습니다. 이는 관련된 예지몽을 꾼 첫 기록 시간과 일치합니다. 그가 꾼 꿈이 실제로 미래에서 일어날 때 꿈 기록 날짜와 같은 날에 일어나기도 했다는 데서 일어난 해프닝 같아 보입니다. 즉, 지금 단계에서는 일자와 시간까지는 신뢰하지 않는 것이 좋을 듯합니다.

일본은 2024년 8월 일본 기상청이 생긴 후 전례가 없던 지진 예보를 딱 한 번 내보내 2주일 동안 일본 열도를 바짝 긴장시켰던 일이 있었습니다. 바로 난카이 대지진(南海大地震) 주의보였는데요. 난카이(南海)란 한자를 보면 아시겠지만, 일본 열도의 아래쪽, 남쪽 바다를 의미합니다. 이곳에 골짜기 모양의 해곡이 존재하는데 그곳

『내가 본 미래 완전판』.
구하기 어렵다는 이 책을 서점 매대에서
발견한 것은 우연이자 행운이었다.

은 필리핀 판이 유라시아 판의 아래로 삽입하는 곳이기도 합니다.

만약 여기에서 지진이 한번 일어날 경우 연쇄적으로 이 지역 일대가 다 무너지게 됩니다. 그 일대에 해당하는 곳이 바로 동남쪽 바다인 도난카이(東南海)와, 동쪽 바다인 도카이(東海). 즉, 난카이 해곡 대지진이라고 하면 일본 열도의 시즈오카현 앞바다에서 규슈 동부 해역 사이에 위치한 이 세 구역에서 일어날 거대 지진과 대형 쓰나미를 의미합니다.

100년에서 150년을 주기로 규모 7~8 사이의 지진이 반드시 일어난다는 난카이 해곡 대지진의 발생 지점으로 가장 유력시되고 있는 곳은 현재 시코쿠 남부 해안으로 보고 있습니다. 시코쿠는 일본 열도의

아래쪽 부분이죠. 즉, 이곳에서 지진이 일어날 경우 남쪽 바다를 끼고 있는 모든 부분에 쓰나미 피해가 간다고 보면 됩니다. 다른 점이 있다면 그저 바다와 얼마나 인접해 있느냐와 그에 따른 쓰나미가 밀려오는 시간차뿐입니다.

사실 이곳에서 마지막으로 지진이 발생한 시점이 1946년 쇼와 난카이 지진인데, 이전에 있었던 안세이 지진은 1854년이었습니다. 그 이전에 발생한 1707년 호에이 지진 사이에 146년이라는 시간이 걸렸던 주기가 92년으로 앞당겨져 발생했음을 알 수 있습니다. 그리고 현재 마지막 난카이 해곡 대지진이 발생한 지 80년이 지나고 있습니다. 전문가들에 따르면 이 정도 시간이 경과된 시점이라면 '이제' 언제 일어나도 이상하지 않을 시간이라는 것입니다.

문제는 난카이 해곡 대지진이 혼자 일어나지 않을 최악의 경우입니다. 난카이 해곡에서 발생한 대지진이 그 옆의 도난카이, 도카이 지역에서 연동해서 일어나버리는 것입니다.

지진이라는 게 이렇게 과학이 발달하고 AI 시대가 도래했음에도 불구하고 아직 예측이 불가능합니다. 여전히 그저 '30년 이내에 발생확률이 80퍼센트 이상'이라는 식으로 뭉뚱그려서밖에 말할 수 없다는 것도 불안을 부추기는 지점입니다. 30년 이내가 운이 나쁠 경우 바로 내일이 될 수도 있다는 게 참, 사람 피 마르게 합니다.

다시 『내가 본 미래 완전판』의 '2025년 7월에 일어날 일' 부분으로 돌아가보겠습니다. 꿈속 그의 시선은 우리가 쓰는 구글어스 앱 같았다고 합니다. 전지적 작가 시점처럼 하늘 위에서 아래를 내려다보고 있습니다. 그때 일본과 필리핀 중간에 있던 해저가 갑자기 봉긋하고 분화를 하기 시작합니다. 이 부분을 두고 지진으로 해석하는 지진파, 운석이 떨어진다는 운석파, 베트남 전쟁 시 잃어버린 수소폭탄이 폭발한다는 폭발파까지 다양한 해석이 제시된 상태입니다.

어찌 됐건 그 결과 해수면에서는 커다란 파도가 사방팔방으로 뻗어나가기 시작했고, 태평양 주변 국가들까지 대형 쓰나미가 덮칩니다. 쓰나미의 높이는 2011년 동일본 대지진 당시의 3배 높이. 참고로 2011년 동일본 대지진 때 발생한 쓰나미의 최고 높이는 이와테현 연안에서 40미터 정도였습니다. 그 쓰나미의 여파로 육지가 밀려 융기되고 홍콩부터 대만, 필리핀까지가 모두 하나의 대륙으로 연결되는 모습이 보였다고 합니다(일본판 『내가 본 미래 완전판』, 82~83쪽 인용).

같은 내용의 꿈 일기 두 번째 장에는 꿈을 꾼 직후 아주 긴박하게 써나간 메모 속 글씨체가 인상적입니다. **난카이 대지진은 예상했던 것보다 너무나 커서 일본의 태평양 쪽을 거의 전멸시킬 정도의 위력이었다고 적어놓고 있습니다.** 하지만 관련 내용 마지막 부분에 다쓰키 료 씨는 희망적인 메시지도 같이 전합니다. 그는 단언을 하지요. "미리 준비한다면 좀 더 많은 사람이 도움을 받을 수 있을 것"이라고요. 왜냐하면 살아남은 사람들이 빠른 복구를 향해 분투하는 밝은 미래상도 꿈에서 동시에 보았기 때문이라고 하면서 말이지요.

2011년 3월 동일본 대지진 때 아무런 도움이 되지 못했던 것을 아주 가슴 아프게 생각했다고 밝히는 저자. 하지만 지금이라면 자신이 세상에 가필해 내놓은 『내가 본 미래 완전판』이 세간의 주목을 받을 것임을 확신하고 있습니다. 오랜 은둔 생활 끝에 세상에 다시 나오게 만든 자신의 소임이라 여기고 있다고까지 했습니다. 그래서 자신의 책을 계기로 정부를 포함해 많은 사람들이 대책을 세울 수 있지 않을까, 기대하고 있음을 알 수 있었습니다.

자신의 책이 그저 과거에 하나의 예언을 딱 맞춰서 뜬 책이 아니라, 반대로 2011년 3월 11일 동일본 대지진을 맞췄던 한 번의 신용을 밑천 삼아 하고 싶은 말을 대신 전하고 있습니다. 제발 준비를 하라고 말이지요!

2025년 7월 재난 이후에 어떻게 살아갈 것인지를 지금부터 준비하고 행동해나가는 것이 얼마나 중요한 일인가를 모두에게 인식시키고자 하는 것처럼 보입니다. **재난 이후?** 이미 재난에서 살아남아야 한다는 전제 조건이 붙지만, 일본에 사는 저의 경우를 포함해, 일본을 바로 옆 나라로 두고 있는 우리도 한 번쯤은 생각해봐야 할 예언은 아닐까 싶었습니다.

추가로 2011년 3월이라는 날짜가 나오는 꿈을 꾸었을 때는 '대재해'라는 말이 함께 보였지만, 2025년 7월은 '대재난'이라는 말이 보였다고 합니다. 재해와 재난의 차이, 그는 조심스럽게 말합니다. '무릇 재난이라 함은 원인이 인위적인 것에 의해 발생하는 것이 아닐까요?' 라고 말이지요. 인위적인 어떤 것? 과연 그것은 무엇일까요?

아쉽게도 그의 책에는 이것까지 자세히 나와 있지 않았습니다.

제2장

아직 실행되지 않은 예언 두 번째

후지산 폭발

『내가 본 미래 완전판』에서 아직 실행되지 않은 두 개의 예언 중 다른 하나로 '후지산 폭발'에 관한 내용이 있습니다. 동일본 대지진 예언과 함께 그의 책 표지에도 함께 그려져 있는 후지산 폭발 예언. 하지만 부푼(?) 기대를 안고 책을 읽어보면 기대(?)는 금방 실망으로 뒤바뀝니다.

'꿈에서는 후지산이 폭발했지만, 그건 상징적인 것일 뿐 대규모 피해는 일어나지 않을 것입니다.'

위 문장으로 서두를 시작하기 때문이지요. 그렇게 운을 뗀 그는 자신이 세 번에 걸쳐 꾼 후지산 분화 꿈에서 나오는 분화란 후지산이 폭발하는 그 분화가 아니라, 상징적일 뿐이라고 말합니다. 자가진단으로 내놓은 게 세계공황, 팬데믹과 같은 패닉을 나타내는 꿈이라는 해설을 내놓고 있지요. 그래도 만에 하나 혹시라도 후지산이 분화한다면 그저 약간의 용암이 새어나오고 말 정도라며 읽는 이를 안심시킵니다.

그가 처음 후지산 폭발 관련 꿈을 꾼 것이 1991년, 두 번째 관련 꿈이 2002년, 마지막 관련 꿈은 2005년 그리고 이 책이 재출간된 해가 2021년, 이미 전 세계적으로 코로나 팬데믹이 일어난 지 2년 차에 해당했던 해입니다. 사실 후지산은 300년 이상 분화하지 않고 있기 때문에 요주의 활화산임이 틀림없거든요. '그런데도 폭발하지 않는다고요? 진짜입니까? 믿어도 됩니까?'라고 한번은 저자에게 따져 묻고 싶은 예언 중 하나이죠.

사실 후지산은 실제로 몇 번의 폭발 위기가 있었습니다. 2011년 3월 11일 동일본 대지진의 여진이 계속되는 가운데 일본 내 화산을 감시하는 기상청 화산감시정보센터에 긴장감이 감돌았던 적이 있었거든요. 동일본 거대 지진이 불러온 지각 변동의 영향으로 일본 전역 20개 화산의 활동이 갑자기 활발해지기 시작한 겁니다.

특히 가장 불순한 움직임을 보였던 곳이 바로 이 후지산. 그리고 마침내 2011년 3월 15일 후지산에서 6.0이라는 최대 규모의 지진이 발생합니다. 당시 많은 화산 전문가들은 이 지진으로 인해 '드디어' 후지산이 분화하는 것이 아닌가 하고 생각했었을 정도였습니다.

왜냐하면 동일본 대지진처럼 규모 9 이상의 지진이 일어났을 경우, 과거의 예에서 예외 없이 주변의 화산이 분화했기 때문입니다. 다른 점이 있다면 지진 발생 후 바로 폭발하느냐 시간차(짧게는 1~2년, 길게는 3년 이내)를 두고 분화하느냐 두 가지 경우의 수밖에 없었습니다. 하지만 세월은 흘러 흘러 동일본 대지진 후 14년이 흐른 지금도 후지산은 그저 조용할 뿐입니다.

그러나 폭발하지 않고 있는 시간이 쌓이면 쌓일수록 어떻게 그 영향이 거대화되어 나타날지 모릅니다. 후지산에서 눈을 뗄 수 없는 이유이지요. 그러니 아마 『내가 본 미래 완전판』의 다음 개정판이 나온다면 후지산 폭발에 관한 내용은 대폭 변경되지 않을까요? "처음엔 팬데믹으로 생각하고 있었는데 실은 그게 아니었다"라는 내용이 추가되어서요.

2024년 다시 한 번 이 후지산에 이상이 관측됩니다. 원래 10월 초가 되면 먼저 추워지는 후지산 정상에 옅게나마 눈이 내려 쌓여야 하는데, 2024년 11월 초가 되어도 후지산 정상이 하얗게 바뀌지 않은 겁니다.

이는 130년 전 관측을 시작한 이래로 무려 처음 있는 일이다보니 일본이 시끌벅적해지기 시작합니다. 그도 그럴 것이 2023년까지만 해도 10월 초면 후지산 정상에 첫눈이 확인되었거든요. 원인 중 하나로 지적되는 것은 평균보다 1.76도나 높았던 2024년 여름 기온. 관측 사상 가장 더운 여름이었습니다.

도쿄 남서쪽에 자리하고 있는 후지산은 높이가 3,776미터나 되는 활화산입니다. 맑은 날에는 도쿄에서도 그 모습을 관측할 수 있을 정도의 엄청난 높이죠. 도쿄의 롯폰기힐즈에서 깔끔하게 잡히는 후지산의 모습은 맑은 날을 상징하는 일기예보 단골 화면이랍니다.

산이 개방되는 7월부터 9월까지 등산객만 22만 명 이상(2023년). 그러니 후지산이 터졌다가는 정말 인명피해도 그렇지만, 얼마나 그 피해 규모가 클지는 도쿄에서도 후지산이 보인다는 그 사실부터가 이미 대변해주고 있습니다.

후지산은 과거 2000년 동안 총 43번을 분화했습니다. 평균 분화 주기는 대략 50년. 그런데 마지막 분화였던 1707년 호에이 분화 이후 300년이 넘도록 분화하지 않고 있다는 점이 후지산 폭발설을 낳은 원인이 되었습니다. 호에이 분화가 바로 난카이 지진으로 촉발되었다는 점도 불안을 부추기는 지점이죠. 지금 일본이 가장 두려워하는 난카이 지진과 발생 지역이 많이 겹치는 호에이 분화. 지진과 후지산 폭발이 짝을 지어 같이 올 경우의 수가 높다보니 수많은 억측과 예언이 쏟아져 나오고 있는 것은 어쩌면 당연지사일 것입니다.

만약 300년 동안 참고 참았던 후지산이 폭발하여 대량의 화산재가 발생할 경우, 도쿄와 수도권에서는 어떤 일이 일어날까요? 멀리 갈 것도 없습니다. 2016년 구마모토 아소산 분화가 대신 알려주고 있습니다. 그때 구마모토에서 일어났던 화산재 피해를 보면 대략 어떤 상황이 닥쳐올지 가늠해볼 수 있답니다.

제일 먼저 아소산이 분화하자 60만 톤 이상의 화산재를 포함한 분출물이 뿜어져 나옵니다. 그 결과 하룻밤 사이에 주변 및 인근 마을은 모두 시커먼 화산재로 뒤덮여버렸지요.

아소산이 분화한 후 제일 처음 일어난 재난은 2만 호 이상의 대규모 정전이었습니다. 전봇대 전주에 설치된 절연체가 문제였는데요. 조사 결과 전기를 다른 곳으로 새지 않고 안정적으로 보내주는 역할을 하려고 설치된 이 부품에 화산재가 쌓인 후 비가 내린 게 문제였습니다. 물을 머금은 화산재가 대량으로 전기를 흘러보내 누전이 일어난 것입니다.

후지산 폭발 후 비가 내릴 경우, 수도권에서도 대규모 정전이 일어날 것은 불을 보듯 뻔합니다. 경제산업상이 검토한 바에 따르면 도쿄전력이 전력을 공급하는 관내에서 약 40만 건 정도의 정전이 일어날 가능성이 있을 것으로 보고 있습니다.

활화산이던 아소산이 분화했을 때 철도도 멈춰 서야 했습니다. 원인은 신호등 오작동. 보통 열차가 다니는 선로 레일에는 전류가 흐르고 있습니다. 전류로 열차 바퀴를 인식하고 선로를 지나는 힘을 인식해 사령탑에서는 현재 열차가 어디를 달리고 있는지 감지할 수 있도록 되어 있다고 하지요.

그러나 그 레일 표면에 만약 화산재가 쌓이면 접속 불량을 일으킵니다. 그렇게 되면 사령탑에서는 열차가 어디에 정차해 있는지 알 수 없게 됩니다. 열차 위치를 알 수 없기 때문에 신호등, 선로 변환 오작동을 일으키는 것이지요. 일본의 변방인 구마모토가 이 정도이니 도쿄를 포함한 수도권의 수많은 열차들이 뒤얽힌 것을 생각하면 정신이 아찔해질 정도입니다.

항공편에도 큰 영향을 끼치게 됩니다. 뿜어져 나온 화산재가 제트엔진 속으로 빨려 들어가면 고온에서 녹은 화산재가 내부에서 굳어져 제트엔진을 멈추게 만듭니다. 모든 교통이 마비되면 물류도 함께 멈춰 설 수밖에 없습니다. 그 뒤부터는 뭐 상상에 맡겨야지요.

화산재는 또한 강물을 오염시켜 라이프라인인 수도에도 영향을 끼칩니다. 단 몇 센티미터라도 정수장에 화산재가 쌓이면 정수 능력에도 영향이 갑니다. 절수나 단수를 해야 하는 지역이 나올 가능성이 충분히 대두되는 이유입니다. 일본의 수도국은 정수장에 지붕을 설치하거나 시트를 씌워 화산재 침입을 막을 계획이라고 합니다.

참, 화산 하나가 폭발했을 뿐인데 이 어마어마한 피해는 오로지 인간들이 겪어내야 할 몫이 되는 거지요.

제3장

지피지기! 지진 취급설명서

갑작스런 땅의 흔들림을 느끼셨습니까? 그런데 때마침 일본이라고요? 오호, 릴렉스! 릴렉스! 그렇다면 여러분은 드디어 '그분'을 영접하신 겁니다. 한번도 안 겪어본 사람은 있어도 한 번만 겪어본 사람은 없다는 그분! 그분은 이렇게 우리가 전혀 생각도 하지 못할 때, 잊을 만하면 이렇게 찾아온답니다. 그러나 와야 왔나 싶지, 여전히 '언제' 올지, '어디서' 올지 알 수도 없고 예상도 할 수 없는 미지 그 자체이신 분, 바로 지진입니다.

하지만 걱정마세요. 대부분 한 차례의 지진은 1분 이내로 짧게 치고 빠지는 경향이 있습니다. 뭐 물론 어느 분야에도 예외가 있어서, 한 번에 3분 20초라는 최장 시간 기록이 남아 있는 지진도 있긴 하지만요(1985년 멕시코시티 대지진).

지진 중에는 정말 지진이 왔는지 미동조차 느낄 수 없는 약한 지진이 있는가 하면, 우리 뇌리에 여전히 강력하게 박혀 있는 2011년 동일본 대지진 같은 자전축을 뒤흔들 만큼 엄청난 크기의 지진도 있습니다. TV에 나오는 지진 있지요? 거, 왜 땅이 위아래로 심하게 흔들리고 쩍쩍 갈라지는 모습 말이에요. 그런데 그 정도로 지축이 위아래로 심하게 흔들리는 것을 느낄 정도면(S파나 L파의 영향), 이건 상당히 강한 지진이어야 합니다. 보통은 진원지에서 어느 정도 거리가 있는 이상 좌우로 흔들리는 지진일 경우가 더 많답니다.

자, 이때 등장하는 업계 전문 용어로 **규모**와 **진도**가 있습니다. 일본에 살면 허구한 날 듣는 게 이 규모와 진도라서 누구라도 정확하진 않아도 감으로라도 체득하고 있는데요. 문제는 한국처럼 지진 경험이 전혀 없거나 있어도 몇 번 없는 경우 쉽게 구별이 되지 않는 단어라는 것입니다. 하지만 지진을 이해하기 위해서 가장 기초가 되는 이 둘을 정확하게 구분하실 것을 권장드립니다. 알아야 두려움의 크기도 조절할 수 있거든요.

먼저 **규모**Magnitude. 규모는 지진 에너지의 절대적인 세기의 척도를 의미합니다. 흔히 소수점 한자리까지 적어 M6.6이라는 식으로 표현합니다. 그리고 이 규모는 전 세계가 거의 동일한 값을 사용합니다. 특히 일본에서는 매그니튜드라는 말을 직접 사용하고 있습니다.

이에 반해 **진도**Intensity scale는 지진이 났을 때 실제로 우리가 직접 피부로 느끼는 흔들림 값입니다. 즉, 장소마다 다르게 느껴지는 상대적인 세기라는 뜻이지요. 땅이 얼마나 흔들렸는지를 측정했다고 보면 됩니다. 직관적인 측정치. 문제는 이게 나라마다 사용하는 진도가 다르다는 것이지요. 일본은 '일본 기상청 진도 계급'을 사용하는데 총 10단계이며 최대 진도는 7입니다. 특이한 점은 같은 진도 등급 숫자에 강(強)과 약(弱)을 붙인다는 점입니다. 5약(5弱)·5강(5強)·6약(6弱)·6강(6強) 4종류가 이에 해당하지요. 진도 4 이하와 7 이상에는 강약을 붙이지 않는 것이 특징입니다. 진도 3~4에 강약을 붙이지 않는 것은 흔들림 정도를 느끼는 개인차는 있지만, 그다지 큰 피해를 일으키지 않으며 일으킨다 해도 피해 규모에 별반 차이가 나지 않기 때문이라고 하지요.

이에 비해, 한국은 미국이 사용 중인 '수정 메르칼리 진도 계급'을 채용하고 있습니다. 12단계이며 최대 진도는 12입니다. 이 두 나라가 사용 중인 진도 계급이 달라서 같은 숫자라도 계산이 좀 필요합니다.

2017년 M4.6 포항 지진의 경우, 4.6이라는 규모의 값은 경주에서도 서울에서도 미국에서도 변하지 않는 측정값입니다. 이에 반해 진도는 경북이 5, 울산은 4인데 이 숫자를 일본식으로 보면 엄청나게 큰 지진으로 인식하게 됩니다. 하지만 진도를 다시 일본식으로 바꾸면 경북이 진도 3~4, 울산이 2~3으로 내려가게 되지요. 그럼 전 '음, 그냥 지진이 왔었나보네' 합니다. 이렇게 느끼는 강도가 대번에 달라진다는 말씀입니다.

이 밖에도 지진이 발생한 땅속의 지점을 의미하는 진원hypocenter과 진원에서 수직으로 올라오면 도달하는 표면 위 지점을 의미하는 진앙epicenter을 알고 있어야 지진 관련 뉴스를 이해하게 됩니다.

표1

한국의 지진 진도 등급별 현상

진도 1	대부분 사람들은 느낄 수 없으나, 지진계에는 기록된다.
진도 2	조용한 상태나 건물 위층에 있는 소수의 사람만 느낀다.
진도 3	실내, 특히 건물 위층에 있는 사람이 현저하게 느끼며, 정지하고 있는 차가 약간 흔들린다.
진도 4	실내에서 많은 사람이 느끼고, 밤에는 잠에서 깨기도 하며, 그릇과 창문 등이 흔들린다.
진도 5	거의 모든 사람이 진동을 느끼고, 그릇, 창문 등이 깨지기도 하며, 불안정한 물체는 넘어진다.
진도 6	모든 사람이 느끼고, 일부 무거운 가구가 움직이며, 벽의 석회가 떨어지기도 한다.
진도 7	일반 건물에 약간의 피해가 발생하며, 부실한 건물에는 상당한 피해가 발생한다.
진도 8	일반 건물에 부분적 붕괴 등 상당한 피해가 발생하며, 부실한 건물에는 심각한 피해가 발생한다.
진도 9	잘 설계된 건물에도 상당한 피해가 발생하며, 일반 건축물에는 붕괴 등 큰 피해가 발생한다.
진도 10	대부분의 석조 및 골조 건물이 파괴되고, 기차선로가 휘어진다.
진도 11	남아 있는 구조물이 거의 없으며, 다리가 무너지고, 기차선로가 심각하게 휘어진다.
진도 12	모든 것이 피해를 입고, 지표면이 심각하게 뒤틀리며, 물체가 공중으로 튀어 오른다.

참고 : 한국 기상청

표2

일본의 지진 진도 등급별 현상

진도 0	사람은 느낄 수 없으나 지진계에는 기록된다.
진도 1	극소수의 사람만 흔들림을 느끼기도 한다.
진도 2	실내 조용한 곳에 있던 사람 대부분이 흔들림을 느낀다.
진도 3	실내에 있던 사람 대부분이 흔들림을 느낀다.
진도 4	걷고 있던 사람 대부분이 흔들림을 느낀다.
진도 5약	대다수의 사람이 공포감을 느끼며 뭔가를 붙잡고 싶다고 느낀다.
진도 5강	대다수의 사람이 행동에 지장을 느낀다.
진도 6약	서 있는 것이 곤란하다.
진도 6강	서 있는 것이 불가능하며, 기어서만 움직일 수 있다.
진도 7	고정되어 있지 않은 가구 대부분이 쓰러진다.

참고 : 일본 기상청

자, 다음은 **전진, 본진, 여진**입니다. 같은 시기 같은 장소에서 일어났던 지진 중에서 가장 센 지진을 본진main shock이라 부릅니다. 본진이 일어나기 전 발생한 초기 지진을 전진foreshock, 그리고 본진이 일어난 뒤 산발적으로 일어나는 작은 지진을 여진aftershock이라 부르지요. 그동안은 처음에 강력한 지진이 왔을 경우 바로 본진으로 봤는데, 2011년 동일본 대지진 때 큰 지진이 온 이후 더 큰 지진이 본진으로 와버리는 바람에, 지금은 후에 더 큰 지진이 발생할 가능성을 감안해 처음부터 전진, 본진에 대한 표현을 자제하는 계기가 되기도 했답니다.

일본에서 지진이 발생했을 때, 문제가 되는 것 중 하나가 '**지반 액상화**'인데요. 이는 지진동에 의한 간극수압의 상승으로 토양이 액체처럼, 진짜 핫케이크 반죽처럼 유동적으로 변하는 것을 말합니다. 우리가 꿈에 그리는 도쿄 디즈니랜드가 자리한 지바현 우라야스도 대표적인 지반 액상화 위험 지역으로 손꼽히는 곳이지요. 그러니까 진흙탕에 도쿄 디즈니랜드가 세워져 있다고 보시면 되는 겁니다. 생각만으로도 아찔하지 않나요? 그러니 올 7, 8월에 도쿄 디즈니랜드 가시면 되겠어요? 안 되겠어요?

지진이 빈번하다보니 까다로운 내진 규정을 받는 곳이 일본입니다. 1981년 건축기준법 대개정으로 일본의 건축물 내진 기준은 규모 5 정도 강도의 중규모 지진에서는 경미한 손상만을, 규모 6~7 정도의 대규모 지진에서도 붕괴하지 않을 정도로 가질 것을 기준으로 하고 있습니다.

하지만 이 모든 것보다 피해를 줄이는 최선의 방법은 지진 소식을 얼마나 빨리 알릴 수 있냐는 것이라고 하지요. 일본의 경우 '긴급지진속보'라는 지진 조기 경보제를 운영하고 있습니다. 작은 지진은 TV 화면 속 자막으로 지나가지만, 자신의 스마트폰을 아무리 진동으로 해놔도 큰 지진이 올 경우 큰 소리를 울리며 알람이 온답니다. 사실 지진이 났다는 사실을 3초만 일찍 알게 되더라도 부상자의 70퍼센트가 준다고 하니 경보가 얼마나 중요한지를 알 수 있지요.

제4장
지진 예언설을 둘러싼 한일전, 그리고 일본은 지금

밖에서 보는 세상과 실제 세상의 차이가 얼마나 큰지 한국 유튜브를 보다가 제가 사는 동네를 보면 현저하게 느껴집니다. 내일 당장이라도 일본에 대형 지진, 대형 쓰나미가 몇 개는 몰려들어도 이상할 것 없어 보이다가도, 정작 제가 살고 있는 일본을 바라보면 너무나 평온하기 그지없습니다.

물론 현재 일본에서도 단연 화두가 되는 것은 있지요. 바로 '쌀'입니다. 아니, '쌀값'이라고 해야 정확하겠네요. 작년 8월경부터 돈이 있어도 쌀을 살 수가 없게 되더니 지금은 쌀이 있어도 점점 값이 오르니 살 수가 없습니다. 너무 비싸진 쌀값 때문에 여기저기서 탄식이 터져 나오는 지경입니다. 예전 같으면 쌀 10킬로그램을 사고도 남을 돈으로 지금은 겨우 5킬로그램밖에 살 수가 없기 때문입니다. 정부에서는 오른 쌀 가격을 안정시킨다고 비축 쌀을 벌써 세 번째 시장에 푸는데도 한번 올라간 쌀값은 떨어질 줄도 모르고 내려올 기미도 없어 보입니다. 오늘이 제일 싼 값이라는 말이 있을 정도니 돈 생기면 우선 쌀부터 사두고 싶다는 욕망마저 들 정도이지요.

쌀값이 부담스러워 어쩔 수 없이 쌀 대신 우동과 소면, 스파게티를 주식으로 대체해 먹고 사는 이가 느는 추세랍니다.

얼마나 쌀값이 올랐으면 밥 세 번, 면이나 빵이 두 번 나오던 초·중학교 급식에서 밥을 2번으로 줄인 지역도 있다고 하니 말 다한 거죠. 어느 사회이건 당장 눈앞에 먹고 사는 문제가 비상하게 돌아가면, 사실 부수적인 문제들은 그리 큰 화두가 되지 못합니다. 지진이 하루이틀 일어나는 일본도 아닌데다, 언제 어디서 어떻게 올지 모르는 지진 예언은 그야말로 아무런 의미를 갖지 못하는 상황인 것이죠. TV에서도 난카이 해곡 대지진에 관한 뉴스는 심심찮게 보도되고 있긴 하지만, 이 책을 쓰기 시작한 2025년 1월만 해도 7월 예언설에 관한 언급은 거의 전무후무한 상태입니다.

그리고 원래 예언이나 소문이란 어린아이들에게까지 돌아야 사회적인 이슈가 되기 쉽잖아요? 그리고 그게 일반적이고요. 하지만 중학교에 다니는 막내, 고등학교에 다니는 둘째에게 다쓰키 료나, 예지몽, 올해 지진설을 물어보면 금시초문이란 답이 돌아옵니다. 오히려 제가 아이들에게 전파해 불안을 조장하고 있는 꼴이랄까요?

직접 경험보다는 TV를 통한 간접 경험이 만들어낸 한국이 가지고 있는 지진에 대한 두려움이 있을 것입니다. 반면 국토의 어딘가에서는 늘 지진이 일어나고 있는 일본인이 갖는 두려움의 정도는 아마도 시작점부터가 다르겠지요.

물론 여기에는 아주 오랜 옛날부터 지진이란 인간의 힘으로 어찌할 수 없는 것이라는 사실을 대대손손 체득한 국민들이 갖는 무기력함도 어느 정도 밑바탕에 작용하고 있을 것입니다. 그리고 일본을 늘 감싸고 있는 암묵적인 룰도 작용하고 있고요. 튀지 말 것. 다른 사람들은 다 가만히 있는데 너 혼자 두렵다고 떠들어대지 말라는 무언의 압박 말이지요.

확산의 시대에 살고 있는 지금. 한국의 수많은 전문가, 방송인, 유튜버, 블로거에게 확실히 옆나라 예지몽 만화가가 말한 '2025년 7월 대재난이 찾아온다'는 핫한 아이템임이 틀림없습니다. 혹자는 과거 예언부터 현재 예언까지 총정리를, 누구는 2011년 동일본 대지진과 비교해서 얼마나 더 큰 규모가 될지를, 또 누구는 앞으로 한국에 미칠 영향력까지 추가하는 등 계속 나오는 관련 내용을 업데이트해가고 있습니다. 그것을 듣다보면 왠지 모를 은근한 기대(?)와 두려움마저 갖게 됩니다. 이는 도시괴담과 예언이 태생적으로 갖고 있는 원초적인 힘일 것입니다.

일본을 대할 때 우리가 갖는 미묘한 정서가 밑바탕이 되다보니, 계엄과 대선 이후 이제 많은 이의 관심은 과연 예언대로 일본에 대지진이 예언된 그날에 일어날 것인가 아닌가에 모아질 것입니다.

저는 이런 과열된 현상을 보면서 뜬금없지만 '버터플라이 이펙트'라는 말이 생각났습니다. 나비의 날갯짓과 같은 작은 사건이 추후 예상하지 못한 엄청난 결과로 이어진다는 그 유명한 이론 말이죠. 본래는 초깃값의 아주 작은 차이에 따라 결과가 완전히 달라질 수 있다는 뜻을 가진 과학 이론이었다죠? 물론 지금은 그보다는 광범위하게 더 많이 사용되지만 말이에요.

나비의 작은 날갯짓은 당연히 수많은 크리에이터들이 양산해내는 예언 분석 콘텐츠일 것입니다. 그것이 지인에게, 친구에게, 가족들에게 퍼져나갑니다. 이제 이렇게 앞의 조건은 성립되었으니 그로 인해 추후 전혀 예상하지 못한 결과를 만들어내면 되는 상황만 남은 것입니다. 전혀 예상하지 못한 결과로 뭐가 좋을까요?

결론부터 미리 말씀드리면, 이를 계기로 시작되어야 하는 지진에 관한 재인식입니다. 건물의 내진설계 보강, 강화부터 크게는 법이 바뀐다거나 한 국가의 행정적인 분야부터 시작해 작게는 학교 교육까지 그 날갯짓이 미쳐야 합니다. 즉, 우리의 목숨을 위협하는 지진과 나날이 떼려야 뗄 수 없는 시대를 사는 방법을 익히고 배워야 할 것입니다. 그래야 이 예언이, 이 도시괴담이 이만큼 확산된 의미를 가질 수 있습니다.

그러니 그날이 오기 전까지 이 하나의 예언이 어떻게 시작되었고 어떻게 커나갔으며 지금은 어떤 대접을 받고 있는지 최종 점검을 해봐야 할 때가 왔습니다.

1990년대 중반 유럽 배낭여행 초창기 시절, 시중에 가이드북이 몇 권 없던 시절이다보니 여행사에서 실시하는 배낭여행 설명회에 가서 실제로 다녀온 사람들의 이야기를 들어보는 것이 오히려 도움이 되었습니다. 책으로 보는 것과 실제로 경험한 이의 감각은 확연히 차이가 났습니다. 구체적으로 뭘 준비해가야 하고 유럽을 어떤 루트로 돌아야 할지를 한눈에 파악할 수 있었습니다.

그러게요! 직접 체험만큼 좋은 정보는 없으니까요. 그 경험이 한두 번이 아니라 여러 번이라면 더욱더 신뢰가 갈 것입니다. 게다가 만약 어떤 특정한 정보가 현지에 사는 사람의 이야기라면 그건 믿어봐야 할 것입니다. 지금도 바로 그런 시기여야 한다고 생각합니다. 그래서 지금부터 시작할 이 이야기들은 여러분이 책으로건 유튜브로건 어떻게든 한 번쯤은 들어봤을 2025년 7월 일본 지진설을 다룬 책 한 권을 만나게 될 때까지 긴 여정을 정리한 것입니다. 전문가는 아니지만 삶의 한편에서 늘 지진과 맞닿아 있었던 평범한 이의 삶이라고 할까요. 때론 전문가들의 깊이 있는 지식보다 미천하지만, 일상을 살아내는 이의 대처 방법이 더 가깝게 다가올 때도 있을 거라 믿고 운을 떼보기로 합니다.

제5장

그날이 오면 _ 1

얼마나 확보해두었나? 정확한 양을 준비하자!

농담조로 "내일 지구의 종말이 찾아온다면?"이란 질문을 받았다 칩시다. 우리는 특별한 생각 없이 곧바로 "한 그루의 사과나무를 심겠다!"라고 답할 겁니다.

"How are you?"는 어떨까요? 아마 웃으면서 "Fine, thank you, and you?"부터 떠올릴 걸요? 가장 많이 들어본 말을 가장 먼저 떠올리게 되는 법칙. 이겁니다! 자연재해에 대처하는 방법도 말이죠. 알아야 대처가 됩니다. 외우고 있어야 대처가 됩니다. 당장 눈앞으로 다가온 2025년 7월 일본 대지진 예언설. 만약 그 예언이 맞아서 실제로 대형 지진과 대형 쓰나미가 발생한다면? 적어도 2025년 6월 말에는 위의 대답들처럼 바로 어떻게 하겠다는 답을 뭐라도 내놓을 정도가 되어야 합니다.

그렇게 되기 위해 진짜 그 일이 일어난 것처럼 연습을 해보려 합니다.

예언이 실제로 일어났다면 그다음 날부터 전 어떤 점을 가장 후회하고 있을까요? 하나씩 상정해 복기하는 식으로 이 위기와 맞짱을 떠봐야겠습니다.

사실 어떤 일의 잘잘못을 수정할 때 가장 좋은 해법은 뭡니까? 정답은 아니지만 그 어떤 일을 거꾸로 복기해보는 것입니다. 결과에서부터 거슬러 올라가봐야 어느 지점에서 어떤 것이 미비했는지가 나올 테니깐요. 미흡해서 그만 잘못된 결과를 도출해낸 지점을 비로소 알 수 있게 되지요. 이렇게라도 혼자서 시뮬레이션을 돌려봐야, 그래야 진짜 이 예언과 마주할 때 조금이라도 덜 당황하고 하나라도 덜 실수하게 될 것은 자명합니다.

자, 지금부터 제 머릿속의 시계를 돌려 2025년 7월 6일로 한번 가보겠습니다.

이날은 예정대로라면(?) 책에서 예언한 대로 거대한 지진과 쓰나미가 일어난 다음 날이 될 겁니다. 전날 일본은 엄청나게 큰 피해를 입어 거의 한 나라가 쑥대밭이 되어 있겠지요? 살아 있다는 것이 기적 같을 그날. 일본 침몰까지는 아니더라도 그에 준하는 국가비상사태를 맞이한 그날. 유쾌한 가정은 아니지만 그날부터 거슬러 올라가보려고 합니다.

자, 운 좋게 어떻게든 그 난리통에서도 살아남았다고 칩시다. 하지만 그렇게 살아남은 이들도 다음 날부터는 크게 두 부류로 나눠지게 됩니다. 어찌 됐건 예언을 위기로 보고 대책을 강구해두었던 사람들과, 그따위 예언 같은 걸 믿다니 하면서 그저 허무맹랑한 이야기로 취급하며 아무런 준비를 해놓지 않았던 사람들로 말이지요. 7월 6일 이후부터 일본이라는 국가와 내가 살고 있던 지역 사회가 재난 물자 조달 및 피해 복구 준비를 위해 시스템을 갖추는 대략 일주일 동안 이 두 부류에게는 전혀 다른 판이 펼쳐지게 됩니다. 준비한 이들은 불안해도 그나마 자급자족하며 어느 정도 차분한 일주일을 보낼 수 있습니다. 반면 아무것도 준비해두지 못한 이들은 목숨만 겨우 부지할 뿐, 그 외에는 어떤 것도 스스로 해결해나갈 수 없는 무력한 상황을 맞이하게 됩니다.

문제는 준비해둔 양이었습니다. 살아남은 목숨, 그 천운을 이어가려면 제대로 된 재난 대비 물자를 구비하고 있었어야 합니다. 그런데 만약 5인 가족이 준비한 양이 겨우 배낭 하나가 다라면? 막내가 중학생인 5인 가족이 일주일을 살아남아야 하는데 말이지요. 제 가족 이야기입니다. 일단 기본이라도 준비해둬야겠다는 출발부터가 잘못이었습니다. 막상 실제로 제대로 된 준비를 하려고 보면 당장 지출해야 하는 금전적인 문제가 준비를 가로막습니다. 어쩌면 일어나지 않을 일에 대해 이렇게까지 비싼 대가를 치러야 하나? 그렇게 현실과 타협해 준비해둔 알뜰한(?) 배낭 안에는 제대로 된 준비 물품은 없을 게 뻔합니다.

지금 현관에 준비해둔 재난 대비 가방을 열어봅니다. 꼭 필요하다니까 사둔 간이용 화장실 비닐 10장. 집에 있던 휴대용 라디오는 건전지 확인도 안 해놓은 채입니다. 사두고 안 쓰는 휴대용 플래시 큰 거 하나 작은 거 하나. 물론 건전지는 예전에 넣어둔 그대로입니다. 레트로트 카레 여섯 팩짜리 한 봉지와 다 말라가고 있는 물휴지 정도가 다입니다. 현관 밖 창고에는 2L짜리 물 6개들이가 총 5박스가 있네요. 위기의식이 상당히 강한 자가 아닌 이상 저와 같은 경우가 일반적일 것입니다.

우선 이 식료품은 저희 5인 가족 기껏해야 하루치 식사에 불과합니다. 그나마 물이야 조금 넉넉히 준비해둬서 3일 정도는 버틸 수 있다고 치지만, 일이 닥치고 나니 이렇게 준비하면 아예 준비를 안 한 것이나 진배없음을 깨닫습니다. 하지만 이미 상황은 돌이킬 수 없을 정도로 나날이 악화되어가고 있을 터. 한다고 해둔 사전 준비가 많은 도움이 되지 못하는 상황이 후회스럽습니다. 그렇습니다! 절대 이런 상황을 만들고 싶지 않다는 것이 첫 번째 복기할 때 가장 먼저 걸리는 부분이었습니다.

운 좋게 살아남았는데 살아남은 가족 숫자에 비해 모든 물품이 턱없이 부족한 상태입니다. 이미 큰 재해가 발생한 뒤 뒤늦게 마트에 달려가 봐도 물품 구입이 불가능하다는 것은 2011년 동일본 대지진을 경험하며 이미 학습한 사람인데도 이 지경입니다.

그렇습니다. 미리 준비해둔 재난 용품들이 빛을 발하려면 사실 충분한 양을 구비하고 있어야 합니다. 예상보다 돈이 제법 많이 든다고 몇 개만 준비하면 결국 큰 화를 자초하고 말 것입니다. 일주일입니다. 적어도 재난이 발생하고 일주일 동안은 집에서 아무런 외부의 도움 없이도 살아남을 수 있어야 합니다. 그러니 재난 대비 용품의 양부터 확인해봐야 합니다.

아니, 어쩌면 그것이 전부일지도 모릅니다. 그야말로 일본이 말하는 자조自助, 스스로 살아남아야 하는 상황이 되었을 때 결국 자신이 무엇을 손에 쥐고 있느냐에 따라 생존율이 달라진다는 사실입니다. 시기도 중요합니다. 늦어도 6월 중순까지는 앞으로 소개해드릴 모든 품목을 집 안에 들여놓고 있어야 합니다.

사실 지진이나 큰 재난이 일어난 후 가장 시급한 문제는 마실 물도 아니고 먹을 것도 아닌 바로 **화장실** 문제라고 합니다. 배고픔이나 목마름은 어느 정도 인간의 강인함으로 버틸 수 있습니다. 그런데 기본적인 배설문제는 인간의 강인함의 범주에 들어 있지 않다는 사실입니다. 어린아이들이 있는 집은 두말할 나위도 없습니다. 그래서인지 지진 대책 방송에서도 항상 간이화장실 마련법을 제일 우선해서 익혀두라고 강조합니다. 문제는 준비해두어야 할 양이 실은 어마어마하다는 사실입니다.

사실 이 글을 쓰면서 확인했을 때 저희 집에는 간이화장실로 사용할 수 있는 특수비닐(응고액 포함)이 10장밖에 없었습니다. 이건 재난

20초면 가능한 비상용 화장실
설치 및 사용법

1

변기커버를 들어 올리고 아래쪽에 검은색 커버용 배변비닐을 씌웁니다.

2

그 위에 다시 추가로 배변용 검은 비닐을 한 장 덧씌워줍니다. 변기커버를 내려줍니다. 그리고 변기뚜껑을 덮습니다.

3

볼일이 보고 싶으면 먼저 응고제를 넣은 후 볼일을 봅니다.

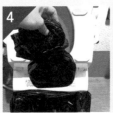

4

볼일을 마친 배변용 비닐을 벗겨내고 입구를 봉해줍니다.
(제일 먼저 덧씌워둔 커버용 비닐은 그대로 둔 채 사용할 때마다 비닐을 덧씌워 사용하는 것이 편리합니다.)

5

사용한 배변용 비닐은 처리용 비닐봉투에 넣어 처분합니다.

6

집 밖에 처리용 비닐 봉투를 따로 만들어두고 그곳에 담아 보관하면 냄새 방지!

7

구입 시 잘 찢어지지 않는 PE 폴리에틸렌으로 만든 제품인지 확인해 보는 것이 좋습니다.

대비용이 아니라 그냥 마음의 위안을 삼을 정도의 양에 지나지 않습니다. 아마도 가끔씩 큰 지진이 찾아왔을 때마다 긴장감이 높아져 대책 삼아 사두긴 한 모양인데 가격이 만만치 않아서 이 정도로 해둔 것이 분명합니다.

이제 돈은 들겠지만 제일 먼저 저희 부부와 아이들의 급한 용무를 해결할 화장실 문제를 대비해두어야 합니다. 재난대국답게 일본 아마존을 검색해보면 상당히 다양한 재난 대비용 화장실 용품을 찾아볼 수 있습니다. 저는 그중에 무려 15년간 장기 보존이 가능하고 냄새를 잘 막아준다는 응고제와 비닐팩이 같이 들어 있는 재난용 화장실 '토이레노메가미 프레미엄トイレの女神 PREMIUM'이라는 제품을 구입하기로 합니다. 100회분(당시 구입 가격 약 6만 5000원 정도)을 구입해둡니다.

표3

비상용 화장실 준비양			
	1일분	**3일분**	**1주일분**
1인	5회분	15회분	35회분
2인 가족	10회분	30회분	70회분
3인 가족	15회분	45회분	105회분
4인 가족	20회분	60회분	140회분
5인 가족	25회분	75회분	175회분
50인 기준	250회분	750회분	1,750회분
100인 기준	500회분	1,500회분	3,500회분

일본 정부가 발행한 재난 관련 보고서에 나와 있는 재난 시 화장실 평균 이용 횟수는 1인 1일 5회라고 합니다. 그러나 화장실 사용 횟수만큼 개인차가 많은 것이 있을까요? 또한 재난 상황이라는 특수성 때문에 받는 스트레스도 커서 평소와는 다른 경향을 나타낼 것은 뻔합니다.

자, 그다음 품목은 **물**입니다.

사실 일본 가정집에서 재난에 대비해 그래도 그나마 잘 구비하고 있는 것이 바로 물입니다. 가격이 부담스럽지 않다는 점도 있고 우리처럼 생수를 사서 마시는 집도 많기 때문이겠지요.

보통 재난 상황에서 최소 구비량을 말할 때 앞에서도 말씀드렸다시피 재난 발생 후 7일까지를 많이 상정합니다. 대략 이 일주일이란 시간만 '잘' 버티면 이후 정부에서 어떤 식으로든 식음료 지원이 가능해진다고 보기 때문입니다.

재해 시 음료수로 사용될 물은 1일 1인 기준 3리터라고 합니다. 1인 기준 1일 3리터×7일분을 계산하면 21리터가 나옵니다. 일본은 보통 2리터짜리 물 6병을 한 박스에 담아 판매합니다. 물론 재난 대비용으로 5년, 10년 단위로 장기 보관할 수 있는 물도 판매되고 있지만 일반 슈퍼마켓에서는 찾아볼 수 없고 홈 센터 같은 곳을 가야 구입이 가능합니다.

하지만 그런 특수한 물보다는 언제든 마실 수 있는 물로 구비해두고 실생활에서 사용하면서 사용한 만큼 계속 비축분을 유지해나가는 것이 가장 현실적인 방법일 것입니다. 저희 가족은 5명, 일주일을 버텨야 할 때 3리터×7일×5인=105리터라는 어마어마한 양이 필요할지라도 말이지요.

표4

비상용 물 준비양			
	1일분	3일분	1주일분
1인	3L(1박스)	9L(1박스)	21L(2박스)
2인 가족	6L(1박스)	16L(2박스)	42L(4박스)
3인 가족	9L(1박스)	27L(3박스)	63L(6박스)
4인 가족	12L(1박스)	36L(3박스)	84L(7박스)
5인 가족	15L(2박스)	45L(4박스)	105L(8박스)
50인 기준	150L(13박스)	450L(38박스)	1,050L(88박스)
100인 기준	300L(26박스)	900L(76박스)	2,100L(176박스)

※1인 1일 3리터로 상정해 계산. 박스는 1박스 12L(2L×6병)

가장 중요할 것 같았던 **식료품**이 세 번째입니다.

표5

비상식 준비양			
	1일분	3일분	1주일분
1인	3식	9식	21식
2인 가족	6식	18식	42식
3인 가족	9식	27식	63식
4인 가족	12식	36식	84식
5인 가족	15식	45식	105식
50인 기준	150식	450식	1,050식
100인 기준	300식	900식	2,100식

비상식량이라고 하면 물 없이, 불 없이 차가운 상태로도 먹을 수 있어야 합니다. 맛을 따져서는 안 되겠지만, 사람들이 재난으로 힘든 상황에 밥까지 따뜻하지 않고 맛없는 밥을 먹어야 해서 많이들 무너진다는 내용의 방송을 본 기억이 납니다. 차가운 도시락 먹는 게 당연한 일본인도 이럴진대 따뜻한 밥을 최고로 치는 우리는 더하겠지요. 첫 일주일 동안은 군기가 바짝 들어 그래도 먹을 것이 있는 것만으로도 감사하겠지만, 시간이 길어질수록 먹을 것 때문에 받는 스트레스 양도 어마어마하게 커질 것입니다.

비상식은 반년에 한 번씩 유효기간을 잘 체크해서 기일이 임박한 제품은 집에서 먹고, 먹은 만큼 또 새로운 제품으로 충당하는 방식으로 유지하면 됩니다.

비상식량으로 카레가 제일 먼저 떠오르지만 실은 정말 어마어마하게 다양한 종류가 많습니다. 어떤 비상식량은 25년 동안이나 보관이 가능한 것도 있다고 하니 진짜 재난이라는 상황은 사람에게 평소에는 하지 못할 다양한 생각과 체험을 해주게 하는 것만은 분명해 보입니다.

제6장

그날이 오면 _ 2

무엇을 입고 어떤 방에서 잠들 것인가?

'대형 지진이 터지고 난 뒤 뒤늦게 가장 크게 후회할 일이 무엇이 있을까?'라고 되짚어봤을 때, 가장 근본적인 문제를 여전히 해결해두지 않고 있었다는 사실을 자각했습니다. **이 모든 이야기에는 강한 지진에도 집 안에서 우선 다치지 않고 살아남는다는 전제가 있습니다.** 그러려면 대전제로 집 안에 반드시 준비해놓고 있어야 할 것이 바로 **빈 방**입니다. 그 방에는 그 어떤 가구도 소품도 들여놓지 않아야 합니다. 즉, 아무것도 놓여 있지 않은 텅 빈 방. 자신의 집 안에 그런 방이 준비되어 있느냐 없느냐에 따라 대형 지진 시 살아남을 확률과 다치지 않을 확률이 확연히 달라집니다.

대형 지진이 올 때마다 TV에서 볼 수 있는 모습들을 떠올려보면 이해하기 쉽습니다. 흔들리는 가구와 조명들, 덜컹거리는 서랍, 곧 쓰러질 것 같은 대형 TV, 거실 이쪽과 저쪽을 왔다 갔다 하는 식탁과 의자들, 책장에서 우수수 떨어지는 수많은 책, 벽에서 떨어져 산산조각 나는 액자의 유리 파편, 수납장에서 떨어져 깨지는 그릇들은 그야말로 지진보다 더 무서운 살상 무기들이 됩니다. 쓰러지는 가구들은 피할 수도 없고 어떻게든 넘어지지 않게 하려다 오히려 그 밑에 깔리게 되거나 부상을 입을 가능성이 높아지지요.

사실 말이 쉽지 몇 개 되지도 않는 방 중 하나를 온전히 아무것도 들여놓지 않는 곳으로 해두기는 현실적으로 매우 어려운 문제이긴 합니다. 특히 저희 집과 같이 아이들이 셋이나 되는 경우라면 더욱더 어려운 문제가 되고 말지요. 이건 미니멀리스트라고 해도 각이 잘 안 나올 판입니다. 하지만 올 한 해만이라도 다치지 않고 살아남기 위해서라면 목숨을 걸고서라도 어떻게든 방 하나를 비워야 합니다.

밤에 자다가 느닷없이 강한 지진이 오지 말란 법은 없습니다. 그때, 물건이 위에서 떨어져 다치거나 가구에 깔리지 않기 위해서는 운도 중요하지만 환경도 이처럼 미리 만들어두어야 한다는 사실입니다. 각 방에서 자고 있던 가족들이 무엇보다 안전하게 집 내부에서 피신할 수 있는 아무것도 놓여 있지 않은 빈 방, 이것은 다른 어떤 재난 대비보다 우선해야 한다는 것을 다시 한 번 명심해봅니다.

저희 집은 4LDK입니다. 방 4개, 리빙룸, 다이닝룸, 키친으로 구성되어 있는, 전형적인 일본식 아파트 구조에서 방이 하나 더 많은 상태입니다. 하지만 아이들 방은 현실적으로 어려우니 저희 부부가 쓰는 붙박이장이 있는 방을 타깃으로 삼았습니다. 현재 놓여 있는 자그마한 책상과 의자, 책장만 빼면 제일 간단하게 빈방을 마련할 수 있기 때문입니다.

붙박이장에 들어 있는 내용물이라고 해봤자 옷가지와 서류 파일 철이 다이기 때문에 비교적 가벼운 것들뿐입니다. 하지만 그래도 모르니 아이들 어렸을 때 서랍 맘대로 못 열도록 하는 잠금장치를 해두는 것이 더 안심이 될 것입니다.

그리고 아이들 방도 가구를 비울 수 없다면 대책이 필요합니다. 바로 가구를 고정시키는 방법이지요. 무거운 물건은 가급적 아래쪽에 놓습니다. 조명도 천장에 딱 붙는 것이 좋습니다. 가구 간의 배치도 중요합니다. 절대 침대맡에는 거대한 가구가 쓰러지지 않도록 고려해둬야 합니다. 바닥과 면하는 부분도 고정할 수 있다면 고정해둡니다.

큰 가구라면 흔들림이 덜하도록 천장과 가구 사이의 공간을 두꺼운 신축봉으로 고정시켜둡니다. 인테리어적인 측면에서는 흉물도 참 그런 흉물이 없지만 사실 안전하게 살려면 아름다움은 애초에 포기해야 합니다.

사실 이렇게까지 빈 방에 대해 연연하는 데는 시간과 연관이 있습니다. 현재 대형 지진과 쓰나미가 온다고 예언된 시간은 7월 5일 새벽 4시 18분(사실 책에는 이처럼 정확한 시간까지는 예언되어 있지 않다. 7월 5일 새벽 4시 18분으로 알려진 것은 다쓰키 료 씨가 관련된 예지몽을 처음 꾼 시간. 현재는 이 시간대가 많이 알려져서 나도 이 시간을 상정함)으로 알려져 있습니다. 이는 모두가 가장 곤히 잠들어 있을 시간입니다. 사실 지진이 왔을 때 제일 먼저 해야 할 일은 잠시 지진이 멈췄을 때, 현관문을 열어 외부로 도망칠 경로를 확보해두는 것이라고 합니다. 하지만 지진 발생 시간이 새벽인데다 자신이 살고 있는 곳이 고층 아파트라면 당장 밖으로 뛰쳐나가는 것도 쉬운 일은 아닙니다.

현재 제가 딱 그런 상황에 놓여 있습니다. 일본에서는 드물게 13층 고층 아파트에 살고 있는데 그중 맨꼭대기 층인 13층에 거주하고 있기 때문입니다. 그러니 아무래도 상황 파악이 되는 아침이 올 때까지 이 안전한 빈 방에 피해 있을 수밖에 없을 것입니다.

상황이 이렇다보니 전날 밤 입고 잘 잠옷도 문제라면 문제가 될 것입니다. 지진은 피난소 생활과 떼려야 뗄 수가 없습니다. 특히 지진 발생 후, 어찌 됐건 일단 한번은 외부로 반드시 대피를 해야 하는 상황과 직면하게 됩니다. 그렇게 생각한다면 뭘 입고 잠들어야 할지 문제는 자명해집니다. 예쁜 잠옷은 아니더라도 추레한 잠옷을 걸치고 자다가 뛰쳐나가야 할 상황은 직면하고 싶지 않습니다.

깨끗한 잠옷이 필요합니다. 헐렁헐렁한 바지와 목 늘어난 편안한 티셔츠. 잘 때 입으면 아주 편하지만 그렇게 입고 밖에 나갈 수 있는지 자문해봤을 때 좀 창피스럽다 싶은 복장은 피해야 할 것입니다.

뭐, 사람 목숨 살리는 게 우선이지 뭘 그런 것까지 신경 써야 하느냐고 반문하실 분도 계시겠지만, 일본입니다. 집 밖으로 쓰레기를 버리러 나갈 때도 잠옷 차림으로 나오는 사람은 없는 나라. 파자마

차림으로 편의점에, 동네 슈퍼에 뭐 잠깐 사러 나오는 것을 구경할 수 없는 나라가 바로 이곳 일본입니다.

로마에 가면 로마법을 따라야 합니다. 다들 깨끗하게 잘 차려입고 대피를 나왔는데 우리 가족만, 아니, 저만 후줄그레하게 뛰쳐나와 긴 시간 피난소 생활을 보내고 싶지는 않습니다. 특히 이사를 잘 다니지 않는 일본은 첫 이웃이 거의 평생 이웃이 되는 나라인데 소문을 생각하면 우훗, 생각만 해도 싫습니다.

사실 예전에 2011년 동일본 대지진을 겪고 나서 한동안은 목욕할 때도 갈아입을 옷을 비닐 봉투에 담아 반드시 같이 들고 들어갔습니다. 손만 뻗치면 닿는 거리에 두고 목욕을 했지요. 지진에 대해 온몸이 반응하던 그때. 언제 어떻게 찾아올지 모르는 지진을 혹여나 나체로(!) 맞이하고 싶지는 않았습니다. 그만큼 지진에 한번 겁을 먹기 시작하면 웃기지만 한번도 생각하지 못했던 제대로 된 잠옷에 대해 생각해보게 된다는 의도치 않은 부수적인 효과도 얻을 수 있답니다.

지진 시 집 안 대책

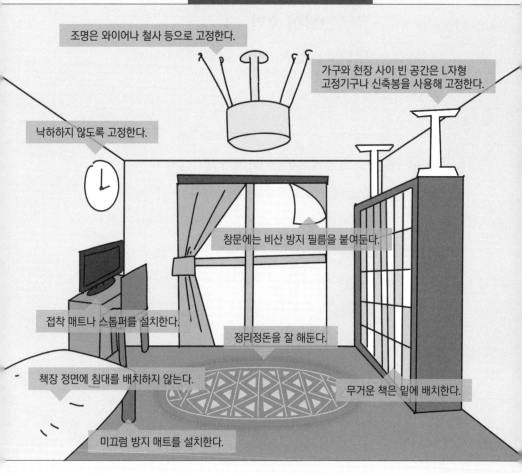

조명은 와이어나 철사 등으로 고정한다.

가구와 천장 사이 빈 공간은 L자형 고정기구나 신축봉을 사용해 고정한다.

낙하하지 않도록 고정한다.

창문에는 비산 방지 필름을 붙여둔다.

접착 매트나 스톱퍼를 설치한다.

정리정돈을 잘 해둔다.

책장 정면에 침대를 배치하지 않는다.

무거운 책은 밑에 배치한다.

미끄럼 방지 매트를 설치한다.

제7장

그날이 오면 _ 3

장시간 버텨야 한다! 전기, 수도, 가스, 통신에 대한 대비는?

2025년 3월 31일. 일본 정부가 난카이 해곡 대지진 시 예상되는 피해 규모를 약 10년 만에 새롭게 계산해 내놨습니다. 30년 이내의 발생확률을 '70~80퍼센트'에서 '80퍼센트 정도'로 올린 것이 지난 2025년 1월이었습니다. 이번 난카이 해곡 대지진이 발생할 경우, 개정된 예상 피해 지역은 세 가지 경우의 수를 가정해 설정했습니다. 각각 겨울 심야, 여름 낮, 겨울 오후 시간대입니다.

표6

지진 발생 시기별 피해 특징	
겨울 심야	· 많은 이들이 잠들어 있는 시간대로 가옥 붕괴에 따른 사망자가 늘어날 가능성이 있다. · 쓰나미를 피할 시간이 늦어질 가능성이 있다.
여름 낮	· 사무실이나 번화가에 많은 사람이 집중되어 있어 집이 아닌 곳에서 피해를 당할 경우가 많다. · 해수욕장 이용객을 비롯해 관광객 피해자가 늘 수 있다.
겨울 오후	· 주택, 음식점에서 화기 사용이 많은 시간대라 화재의 위험성이 높다. · 퇴근길 혼잡과 맞물려 교통피해에 의한 영향을 크게 받는다.

진도 6 이상의 지진이 가나가와현(神奈川県)부터 가고시마현(鹿児島県)까지 24부현(府県), 진도 7이 시즈오카현(静岡県)부터 미야기현(宮崎県)에 걸쳐 10개의 현에서 일어날 것으로 보고 있습니다. 쓰나미의 경우에는 3미터 이상이 후쿠시마현(福島県)에서 오키나와현(沖縄県)에 걸친 25도부현(都府県), 10미터 이상이 간토(関東)에서 규슈(九州)까지 13개 도현(都県), 특히 고치현(高知県)과 시즈오카현(静岡県)에서는 국지적으로 30미터가 넘을 우려도 있습니다.

예상 사망자 수는 최대 29만 8,000명으로 이중 70퍼센트가 쓰나미로 인해 사망한다는 추산입니다.

건물 피해 건수는 최대 235만 동. 피난민 1,230만 명. 경제적 피해는 270조 엔이 넘어갈 것으로 전망하고 있습니다. 아이러니하게도 이런 숫자들은 더욱더 다쓰키 료 씨의 예언을 신봉하게 만드는 과학적 근거가 되어가고 있습니다. 다만 너무 현실적이지 않은 숫자이기 때문에 더욱더 경각심을 갖게 하는 게 아니라 오히려 점점 남 일같이 느껴져 문제입니다.

물과 비상식량으로 일주일은 어찌어찌 지낸다 해도 새롭게 발표된 정부 예상안을 보니 원래의 삶으로 돌아가기까지 후속 시간이 꽤 길어질 것 같습니다.

지진과 쓰나미로 인해 망가지는 도시 인프라가 다시 회복되는 데는 또 다른 의미의 긴 시간이 걸립니다. 2011년 동일본 대지진은 특정 지역에서만 일어난 재해여서 그나마 회복이 빠른 편이었습니다. 재해가 일어나지 않은 가까운 인근 지역의 도움을 받을 수 있었기 때문이었죠. 하지만 앞으로 일어날 지진은 전국 규모를 예상하다보니 지금까지는 또 다른 재해 스타일이 될 것으로 보입니다.

전기, 수도, 가스 중 그나마 제일 빨리 회복되는 것은 전기입니다. 난카이 해곡 대지진만큼이나 일본이 경계하고 있는 도쿄 수도직하형 지진이 왔을 경우 예상 회복 시간은 6일. 하지만 이번에 난카이 해곡 대지진이 일어났을 경우는 전기가 회복되는 데까지 2주가 소요된다고 발표했습니다. 그만큼 규모 면에서 피해가 크다는 반증이 되겠지요.

상수도는 한 달, 도시가스는 이보다 더 길어집니다. 무려 55일! 그렇게 되면 한여름에 전기 없이 살아야 하는 생활, 샤워를 못 하고 살아야 하는 생활이 짧게 잡아도 족히 두 달이 넘어가게 됩니다! 후덥지근한 섬나라 일본에서 7월과 8월 두 달 이상을 에어컨 없이, 샤워 없이 보낸다는 것, 이건 생각만 해도 생지옥입니다.

실제로 2011년 동일본 대지진 때 인프라를 원 상태로 복구하기까지는 전기가 6일, 수도 24일, 가스 연결은 34일이 걸렸습니다. 그보다 더 오래된 1997년 고베 대지진 때는 전기가 2일, 수도가 37일, 가스가 61일. 지진의 형태와 규모, 지역에 따라 달라지겠지만 하루이틀 만에 절대 회복될 수 없다는 사실은 이전의 경험을 통해 알 수 있습니다.

우리가 살고 있는 집 안을 둘러보면 사실 전기로 움직이지 않는 것이 없습니다. 전기 한번 멈추면 진짜 집 안의 거의 모든 기능이 마비된다고 봐야 할 정도죠. 7월은 여름이라 그나마 위안을 삼는다면 춥지는 않겠지만 요즘 더위는, 그중에서 일본의 더위는 가히 살인적이라는 것이 문제입니다. 지진에 살아남았다가 더위로 쪄 죽었다는 사람들이 나온다 해도 이상하지 않을 판입니다.

이처럼 전기와 수도, 가스는 현대인의 삶을 유지해주는 3대 진기 명기와도 같은데 이를 대신할 뭔가를 우리가 대책으로 찾아낼 수 있을까요?

정부는 제일 먼저 복구되는 전기를 가스 대신 이용하는 것을 권하고 있습니다. 그러니까 가장 복구가 느린 가스를 대신해 전기 포트, IH 곤로, IH 대응 조리기구를 미리 구비해두는 것이지요. 그렇다면 제일 나중에 복구되는 가스를 기다리지 않고도 어느 정도 생활할 수 있습니다. TV에서 일본 주방의 모든 조리기기를 모두 전기화하라는 선전을 보면서 '아니, 지진 오면 어떻게 하려고 모든 걸 전기로 바꾸나?' 싶었는데 지진대국 일본에서 선택할 수 있는 나름 현명한 방법이었습니다.

저희는 월세 집이다보니 마음대로 IH 곤로를 설치할 수 없어 부탄가스와 전용 가스버너를 구입해둔 상태입니다. 그리고 스마트폰을 충전하기 위해 간이 휴대용 태양열 패널을 구입했습니다. 스마트폰 3대 정도는 충전이 가능한 크기의 패널입니다. 그리고 작은 냉장고 하나 정도는 가동시킬 수 있다는 가정용 소형 발전기도 구입했답니다.

1. 침실-방에서 자고 있을 때 지진이 왔다면 덮고 있던 이불로 우선 자신의 몸을 보호해야 합니다. 침대를 사용하는 경우라면 이불로 몸을 감싼 뒤 침대 밑에 숨습니다.

2. 욕실과 화장실-지진을 감지하면 바로 문을 열어 피난 경로를 확보해둡니다. 욕조 커버나 세숫대야 등으로 머리보호를 우선합니다. 바닥이 미끄러울 수 있으니 지진이 잠잠해지면 피난합니다. 화장실용 거울이나 수납장에 보관해둔 물품이나 변기 물탱크용 뚜껑이 떨어질 수도 있으니 조심합니다.

3. 주방-식기, 조리기구, 소형 가전제품이 많이 놓여 있는 곳입니다. 지진이 왔을 때 우선 식탁 밑으로 재빨리 피합니다. 가스불을 사용 중이었다면 무리해서 불을 끄려 하지 말고 빨리 그곳에서 떨어지는 것이 안전합니다. 지진이 안정되면 가스불을 끕니다.

아! 물론, 이건 전기제품과 재난 대비에 관심 많은 일본인 남편이 아마존을 통해 구입해놓은 것이지요. 그걸 샀다는 이야기를 들었을 때 몇 번이나 쓸 일이 있겠느냐며 만만치 않은 비용을 지불한 남편에게 핀잔을 주었습니다. 쓸 날이 돌아온다고 해도 유쾌한 기분은 아니겠죠? 그래도 만약 그날이 온다면? 이걸 어디다 써먹나 싶었는데 그래도 써먹을 날이 왔다며 기뻐하고 있을지도 모르겠습니다.

TV를 시청할 수 없으니 아마도 기댈 곳은 재난 공공 와이파이를 통해 접속할 스마트폰 세상이 전부가 되어 있을 것입니다. 일본의 각 통신사들은 대형 지진 시 공공 와이파이를 개방하게 되어 있습니다. 00000JAPAN. 물론 이걸 몰라도 일단 잡히는 와이파이는 다 써봐야 할 상황일 테지만요. 피해 상황을 속속들이 확인해보면서 그때 저는 이 상황을 어떻게든 피해 도망갈 수도 있지 않았을까, 피해를 입지 않을 지역으로 가는 건 또 왜 생각해보지 못했을까를 후회하고 있을지도 모릅니다.

제8장

그날이 오면 _ 4

지진 발생 한 달 뒤 우리 가족은 한국으로 피난을 갈 수 있을까?

　저와 같이 한국에 아직 원가족이 살고 있는 사람의 경우 타국에서 이런 대형 재난이 발생하면 자연스럽게 선택하는 차선책은 바로 한국으로 한동안 피난을 가는 것입니다. 2011년 동일본 대지진이 일어났을 때도 방사능 문제, 단전·단수 문제, 여진 문제로 한 달 뒤 겨우겨우 구한 비행기 티켓으로 한국에서 약 반년 동안 피난생활을 했던 적이 있습니다. 그러니 이번에도 여차하면 뜰 마음은 갖고 있습니다. 물론 비행기 티켓을 구할 수 있다는 전제하에서 말이지요.

　그런데 문제는 또 있습니다. 아이들이 초등학생이었을 때만 해도 자체 휴강을 하고 아이들을 다 데리고 떠나는 데 한 치의 주저함도 없었지만 지금은 사정이 좀 달라졌습니다. 입시를 앞둔 중3, 고3, 재수생이 되었기 때문입니다. 본인들이 거부합니다. 그나마 첫째 둘째는 한국어를 열심히 가르쳤지만 쓰기는 유치원생 수준이고, 막내는 그나마 그것도 안 돼서 거의 까막눈입니다. 그러니 한국으로 피난을 간다고 해도 학원을 보내 그동안의 학교 진도에 차질이 없게 하기에는 현실적으로 다소 무리가 있습니다.

게다가 첫째는 만 18세가 되기 전 이중국적자에서 하나를 골라야 하는 기로에 섰을 때, 많이 알지 못하는 엄마의 나라 한국이 아니라 낳고 자라 교육을 받는 이곳 일본 국적을 선택한 상태입니다.

자, 그럼 만약 일본에 국가비상사태가 발생하고 저처럼 아이들을 데리고 잠시라도 안전을 위해 엄마의 고국으로 피신하러 가야 할 경우, 아이 하나는 국적상의 문제로 비자 없이 체류할 수 있는 시간 제한을 받게 됩니다. 이뿐만이 아닙니다. 아예 입국에서부터 걸러지지 말라는 법은 없습니다. 왜냐하면 이제는 국가가 존립 위기를 맞이한 비상사태에 직면한 나라의 국민인 외국인이기 때문이지요. 이걸 생각하게 된 데는 넷플릭스 드라마 〈일본 침몰〉의 영향이 있었습니다.

뜬금없지만 초등학교 사회시험에 나올 법한 문제를 한번 내보겠습니다.

여러분, 국가를 구성하는 3대 요소는 뭘까요?

그렇죠! 정답은 국민, 주권, 영토입니다.

그런데 이 세 가지 중에서 영토가 없어져버린다면 그 영토에 살고 있던 국민과 그 국민들이 가지고 있던 주권은 어떻게 될까요? 넷플릭스에서 상영한 일본 드라마 〈일본 침몰〉을 쓴 작가 고마쓰 사쿄 씨는 지진과 쓰나미라는 도구를 이용해 국가의 3대 요소 중 가장 핵심인 일본 영토를 없애버립니다. 원작 소설 출간 당시부터 최신 지구물리학 이론에 입각해 쓴 과학적인 근거를 갖고 있는 소설이라고 높은 평가를 받았다고 합니다만, 작가는 딱 한 부분, 즉, 이야기의 핵심이 되는 영토를 없애기 위해 의도적으로 이 부분만은 지구물리학 이론을 깡그리 무시하고 일본'만' 침몰시켜버립니다.

그렇게 일본이 침몰해가야만 자신이 그리고 싶던 이야기를 할 수 있었을 테니까요. 그렇게 일본 영토가 없어졌을 때 과연 남겨진 일본 국민과 이들의 주권은 어떤 국면을 맞이하게 되는지를 아주 생생하게 묘사해나갑니다.

사실 지금껏 우리는 일본 침몰의 '**침.몰.**'에만 꽂혀 있었습니다. 이제 일본은 끝이라고 생각하게 되지요. 하지만 실제로 드라마를 보고 나면 우리가 찍었어야 할 방점은 침몰이 다가 아니라 침몰된 이후 일부 지역에 남게 된 두 가지입니다. 그들의 영토에 살고 있던 일본 국민과 주권이죠. 그리고 그것은 옆 나라인 우리에게도 영향을 준다는 것을 다시금 생각해보게 됩니다. 빼앗긴 영토는 다시 빼앗아올 수 있지만 사라져버린 영토는 어찌할 도리가 없습니다. 이는 영토는 있지만 주권이 없는 나라에서 살아본 우리 국민들이 겪어야 했던 슬픔과 애환만큼이나 처절합니다. 영토가 없는 국민 또한 이전에는 생각지도 못한 신세계를 맛보게 되니까요.

문제는 저희가 한일가족이라는 것입니다. 그런 부모 밑에서 태어난 아이들이 일정 나이가 되어 국적을 선택해야 할 때, 어느 한쪽은 당연히 포기해야 하는 것이 현실입니다. 포기해버린 나라에 다시 한 번 아량을 베풀어달라고 손을 내밀어야 할 때가 올지도 모릅니다.

한반도를 중심으로 동북아시아을 오랜 시간 침략해온 역사가 있는 일본. 아이러니하게도 지진과 쓰나미로 자국 영토가 사라지는 순간 어떻게 보면 일본의 국민들은 갑자기 식민지국 국민 같은 상황에 처하게 됩니다. 그리고 주권은 자동 상실됩니다. 영토가 있고 없고에 따라 국민이 보장받을 수 있는 기본적 권리는 어디까지일까요? 다분히 의도적으로 보이는 현대판 식민지 시대를 연상시키는 설정. 일본은 한번도 겪어보지 못한 영토를 잃어가는 식민지 국민이 되는 간접체험을 작가는 지진과 쓰나미 그리고 일본 침몰이라는 도구들을 사용해 알게 해주고 싶었던 것이 아닐까요?

그래서인지 처음 이 소설이 나왔을 때는 SF소설로 분류되었을지 모르나 세월이 51년이나 흐른 지금 이 『일본 침몰』은 SF소설이 아니라 리얼 다큐가 되어갈 판입니다.

특히 바로 옆에 자리한 우리나라 입장에서 드라마 〈일본 침몰〉을 보다보면 한국이 도대체 어떻게 그려지고 있을지도 관심이 갑니다. 원작 소설에서는 한국과 중국이 사실 일본 난민 수용을 거부하는 것으로 나온다고 합니다. 뭐 우리와 중국이 일본에 대해 이렇게 나올 때는 일본의 자업자득, 인과응보, 여타 이와 비슷한 사자성어를 떠올리게 되는 것은 어쩔 수 없습니다. 이 부분에 관해 더 소상히 알고 싶어서, 인터넷으로 정리 요약된 내용을 찾아보았습니다. 그랬더니 작가 고마쓰 사쿄 씨는 이렇게 말했더군요.

"전후에 일본이 한국 등 동아시아 제국에 제대로 된 사죄나 관계를 개선하기 위한 노력이라도 했나? 이것은 인과응보이다."

하지만 실제로 일본이 침몰해서 많은 일본 난민을 받아들여야 하는 상황이 펼쳐진다면 우리는 어떤 선택지를 일본에 제시할 수 있을까요? 드라마에서는 일본의 규슈나 혼슈 서부 해안에서 어선이나 목선을 타고 한국으로 밀항을 하는 사람들이 엄청나게 발생하고 있다는 뉴스를 전하는 장면이 나옵니다. 그러나 원작 소설에서는 한국 정부는 계엄령(!!!)과 예비군 동원령까지 선포해 해안 경계에 나서고, 상륙에 성공한 일본인들을 모조리 불법 입국자로 간주하고 구속하는 것으로 나옵니다.

지진과 대형 쓰나미로 일본 침몰이 하루하루 진행될수록 일본 정부는 자국민을 전 세계로 나누어 이주시키는 방안을 내놓고 이를 차근차근 실현시켜나갑니다. 영토가 없어진다는 것은 새로 살아야 할 나라를 구해야 하는, 상당히 난이도 높은 서바이벌 게임과도 같습니다. 그러나 안타깝게도 선뜻 떠돌이 난민들을 받아주겠다는 나라는 없습니다.

그래서 나온 묘수, 일본의 잘나가는 기업을 끼워 파는 식으로 각

나라들을 설득해나가게 되지요. '기업을 끼워 판다'는 일본다운 발상. 분명 일본 국민들만 보낼 때보다 상대방 국가의 거부감이 덜해지긴 합니다. 만약 우리에게도 이런 선택의 기회가 온다면 일본의 어느 기업을 달라고 하면서 협상 테이블에 앉게 될까요?

일본 국민들은 이주할 국가는 고를 수 없습니다. 추첨에 의한 이주는 가족 단위로, 개인 단위로만 가능합니다. 그러나 인구의 가장 큰 비중을 차지하는 연장자들의 신청이 미비하다는 사실이 알려집니다. 살 만큼 살았으니 나고 자란 고향에서 남은 생을 마감하고 싶다는 그들의 소망이 그 이유였겠지요. 거기에는 우리와는 달리 한번 태어나서 어지간하면 바뀔 일도 없고 잘 바꾸려 하지 않는 이사문화, 지역문화가 작용하고 있었습니다.

이를 캐치한 정부는 해결책으로 신청 단위를 마을 단위로도 가능하도록 변경합니다. 그러자 이주를 선택하는 연장자들이 하나둘 늘어나기 시작합니다. 단위는 100명. 사실 처음 이 드라마를 봤을 때는 이 마을 단위의 이주 신청 단위는 그냥 간과했던 부분이었습니다. 그런데 저처럼 해외살이를 하는 입장에서 다시 바라보니, 가족 단위의 이주도 좋지만 이렇게 마을 단위의 광역적인 이주도 괜찮은 아이디어로 보였습니다. 해외라는 이역만리에서 삶의 터전을 뿌리내려야 할 때 아주 좋은 든든한 믿는 구석이 될 것임이 틀림없다는 생각이 들었으니깐요. 이 부분은 정말 지역적 특성, 일본국민의 특성을 잘 잡아낸 이주 방식이네, 하면서 무릎을 치기는 했습니다.

재난 시 방재용품 체크리스트

1 물	**2** 비상식량, 과자	**3** 수건	**4** 여벌 옷
5 치약, 칫솔	**6** 비옷	**7** 핫팩	**8** 마스크
9 구급용품, 비상약	**10** 물휴지, 소독용품	**11** 비닐봉지	**12** 휴대용 물탱크
13 라디오	**14** 건전지, 충전기	**15** 휴대용 조명, 초, 성냥	**16** 목장갑, 가죽장갑
17 신문지	**18** 테이프, 유성펜	**19** 돗자리	**20** 다용도 칼
21 헤드라이트, 손전등	**22** 귀중품	**23** 책, 카드게임	**24** 안심되는 소중한 물건

사실 드라마에서는 그려지지 않았지만, 한국과 가까운 일본 규슈 쪽이 쓰나미의 여파를 받는다면 한국의 동남해안인 포항, 부산, 마산, 거제도는 큰 피해를 입을 수밖에 없다고 합니다. 옆나라 일본이 침몰 하는데 덩달아 피해를 입을 수밖에 없는 우리나라의 기구한 운명. 그러니 일본이 침몰을 하든 안 하든 한시도 눈을 뗄 수도 무관심할 수도 없는 것은 당연한 이치일 것입니다.

사실 현재의 일본인들이 제일 두려워하는 재해는 '수도권 직하형 지진'과 '난카이 해곡 대지진', 그리고 '후지산 폭발' 이 세 가지입니다. 셋 다 역대급 수준으로 올 것이라 예보되고 있기 때문에 이미 수만 명의 희생자는 당연한 사실로 받아들여지고 있을 정도이지요. 일본인들 사이에서도 일본 침몰은 지금 당장은 아니지만 언젠가는 이루어질 일이라는 말이 많습니다. 그렇기에 이런 내용의 드라마나 영화, 애니메이션에는 혹할 수밖에 없을 것입니다. 그런 와중에 터진 다쓰키 료 씨의 예언은 난카이 대지진 주기설과 맞물리다보니 더욱더 실현 가능성이 높아 보이게 된 것입니다.

여담이지만 제 생각에는 일본이 자꾸 시뮬레이션을 돌려보는 게 아닐까 싶을 때가 있습니다. 이렇게 영화로, 드라마로, 애니메이션으로 전 세계에 자꾸 메시지를 보내고 있다고 해야 할까요? "우리 이런 일이 실제로 일어나면 너희 나라에서 우리를 이렇게 받아주는 거야! 알았지?" 뭐 이런 식의 선행학습이랄까요? 무방비 상태에서 일본 침몰이 이루어지고 그때 일본에서 온 난민을 받아들여야 하는 것과 그래도 뭐라도 좀 본 것이 있고 나서 실제 그 상황이 닥칠 때 학습효과는 빛을 발할 테니까요.

그러니 옆 나라 침몰설에 고소해하지만 말고 우리도 우리 나름대로 어느 지역에 어느 정도의 난민을 받아줄 것인가를 지금부터라도 고민해두어야 하지 않을까요? 그리고 저와 같이 어떻게든 한국과 연줄이 있는 한일가족을 어떤 형식, 어떤 절차로 받아들여줄지 지금 단계에서 미리 한 번은 생각해두어야 하는 것이 아닐까요?

제9장

그날이 오면 _ 5

만약 예언이 맞지 않았다면?

다행인지 불행인지 저는 예언이 맞지 않았던 경우를 이미 한 번 학습한 적이 있습니다.

회사원 3년 차 시절. 이 업계의 선두자, 이 업계의 시조새! 노스트라다무스 씨의 예언 때였지요. 때는 바야흐로 '세기말'이라는 단어가 가득했던 1999년이었고요. 여린 인간이었던 저도 당시 그분 예언에 그만 맘이 흔들려, 그러니까 '지구가 곧 멸망할지도 모른다고 하니 그래 죽기 전에 해보고 싶었던 거나 한번 해보자!' 이런 마음에 2000년이 되자 고작 3년 조금 넘게 땀 흘려 번 돈을 가지고 퇴사를 하고 말았답니다. 그렇게 번 돈 다 싸 들고 멋지게 외국으로 튀는 데까지는 성공했지만 이후의 삶은 너무 무계획적이었고(물론 뜻대로 되지도 않더군요) 갖고 있던 돈은 금방 바닥을 보여서 폭망했던 경험이 있답니다.

저의 방황은 예언 때문에 흔들려 세우게 된 즉흥적인 각오와 짧은 생각이 얼마나 한 인간의 삶에 되돌려놓지 못할 시간적 손해와 금전적

손해를 끼치게 되는지 절실히 깨달았다는 아름다운 교훈을 남기고 끝이 났지요. 이래보니 저도 나름 예언가의 일개 예언 때문에 엄청난 피해를 입었다면 입었던 피해자였네요! 그래서 이렇게 예언에 민감해진 건가 싶기도 해요.

그렇습니다! 사람 맘이라는 게 곧 죽는다면 무서울 게 없어지면서 대담해지기 쉽습니다. 그러니 1999년에도 죽기 전에 자신이 가진 돈을 다 써버리고 죽겠다던 무모한 사람이 나왔던 것일 테죠. 평소라면 절대 하지 않았을 행동들이 어떤 특정한 예언 하나가 트리거가 되어 '에라 모르겠다'라는 마음의 작용을 낳기도 했으니까요. 예언 때문에 생각으로만 남겨놨을 것을 군이 행동으로 실행해버리는 사람들이 많아지는 데는 그런 마음의 원리가 작동하고 있었을 것입니다. 이젠 어른이 됐으니 그런 소싯적 경험을 가진 저는 예언 하나 때문에 '에라 모르겠다'라는 마음이 작동하지 않도록 조심해야 한다는 사실을 압니다.

예언이 맞지 않을 수도 있다는 건 어찌보면 처음부터 어느 정도 각오하고 있었던 부분입니다. 하지만 이번 예언이 다른 점은 이번에야 맞지 않는다 치더라도, 30년 안에 일어날 확률은 여전히 높다는 사실입니다.

2011년 동일본 대지진 당시 살고 있던 지바현에서 진도 6의 강진으로 인해 그렇게 큰 정신적 충격을 받고선 잇고 살고 있었습니다. 14년이라는 긴 세월 동안 잠시나마 지진에 대한 해이해졌던 마음을 다잡아봅니다. 신발끈을 다시 한 번 꽉 묶게 만들어준 이번 다쓰키 료 씨의 예언이 예언 당일 맞지 않는다고 해도 저는 기뻐하지도 후회하지도 않을 것입니다. 그저 아무 일도 일어나지 않았음에 감사하고 다시 앞으로 한 걸음 전진해야 한다고 생각하고 있답니다.

앞면과 마주한 동전의 뒷면처럼, 우리의 삶에 항상 같이 존재하고 있는 삶의 저편, 죽음과 가까워질 수 있는 자연재해가 많은 일본에서 계속해서 살아가려면 한국에서 살 때와는 조금 다른 인생관을 가져야 할 것 같습니다.

Tip 5 대상자별 필요 방재 굿즈

어린 아기가 있는 가정

기저귀, 분유 등 연령에 맞춘 예비분 육아용품들

(큐브 타입 분유, 1회용 분유병, 기저귀, 물티슈, 이유식, 포크, 스푼)

여 성

생리용품 및 위생용품, 속이 보이지 않는 검은 비닐, 방범용 호루라기 및 부저

고 령 자

개호용품, 지병이 있는 경우 약, 상비약, 틀니, 성인용 기저귀 등

2025년 끝까지 긴장을 놓치지 말아야 하겠지요. 집에 어린아이가 있는 가정이라면 준비해야 할 물건이 늘어납니다. 아이에게 꼭 필요한 분유나 기저귀 등은 빼놓지 말고 준비해야 합니다. 여성 1인 가구도 마찬가지이지요. 위기 상황에서 스스로를 보호할 수 있도록 각별히 신경 써야 할 것입니다. 나이 든 노부부의 경우에도 마찬가지입니다.

구비해둔 비상식량을 꾸준히 관리하는 것도 중요하고요. 유효기간이 지나기 전 집에서 소비해주고, 소비한 만큼 채워주고! 물 또한 긴장의 끈은 놓지 않으면서 사용하고 재고를 채워넣고! 그렇게 그저 하루를 잘 살아내는 것만이 거역할 수 없는 자연재해에 대한 맞짱정신이 아닐까 싶습니다.

제10장
예언을 믿는 사람들이
늘어나는 이유

현대사회는 재미에 목숨 건 사람들도 많고, 다른 한편에서는 용하다는 무당이며 점성술사들도 한 트럭은 되다보니 재미 삼아, 호기심에 그들이 유튜브를 통해 내놓는 예언이며 점사들을 자꾸 들여다보면서 과도하게 신뢰하는 사람들도 덩달아 많아진 느낌입니다. 물론 여기에는 저도 포함되어 있습니다. 듣다보면 정말 너무나도 그럴듯하거든요.

그렇다면 애시당초 예언이란 뭘까요? 나무위키에서 예언을 검색해보면, 이런 결과가 나옵니다.

1. 앞으로 다가올 일을 미리 알거나 짐작하여 말함.
2. <그리스도교> 신탁(神託)을 받은 사람이 하느님으로부터 직접 계시된 진리를 사람들에게 전하는 일. 또는 그런 말.
   예지몽을 꾸거나 예언을 하는 사람은 예언자라고 한다.

예언은 미래에 일어날 일을 예측하는 행위이며 역시 종교와 연결되어 있음을 알 수 있습니다. 예언은 사람을 통해 이루어지다보니 예언자의 종교도 떼어놓고 말할 수 없는 것이 사실입니다. 그리고 예지몽을 꾸는 이도 예언자라는 정의를 내리고 있다면 분명 자신의 예지몽으로 동일본 대지진까지 맞춘 다쓰키 료 씨도 예언가로 분류할 수 있습니다. 하지만 이른바 팩트체크를 하려고 해도 과학적인 근거를 바탕으로 하는 예측과는 다르다보니 그 근거를 찾는 것이 참으로 어렵습니다.

반면에 도시괴담(일본에서는 도시전설이라는 명칭으로 불림)은 사실 여부와는 전혀 상관이 없지요. 어떤 기괴한 현상이나 미확인 생물, 음모론 등이 특정 지역이나 특정 문화권에서 소비되는 형식이다보니 근거와 증거 및 신빙성과는 가장 거리가 멉니다. 하지만 예언과 도시괴담은 친근한 배경과 심리적인 기저를 깔고 있기 때문에 우리에게는 똑같이 파고듭니다. 특히 공포심을 조장하는 데 더 큰 비중이 있는 도시괴담은 현대사회의 자연재해 현상의 증가로 오히려 신빙성을 얻어가고 있는 것처럼 보이기도 합니다.

자, 그럼 앞으로 분석할 다쓰키 료 씨의 『내가 본 미래 완전판』의 2025년 7월 대재난 예언을 좀 더 냉철하게 받아들이기 위해서는 어떻게 바라봐야 할까요?

먼저 현재 100년 주기설로 터진다는 후지산 폭발 예언도 그렇고 100년에서 150년 시간을 두고 발생한다는 난카이 해곡 대지진 주기

설도 그렇고 때마침 그 주기에 들어와 있는 것이 보다 큰 불안을 가져오고 있다는 사실을 자각하는 것부터가 시작입니다.

원래는 과학적 근거에 기초하지 않는 것이 예언인데, 다쓰키 료 씨의 예언은 시대를 잘 만난 탓에 지진학자 및 많은 전문가들이 과학적 근거를 다 찾아내 마련해주고 있는 형국이기 때문입니다. 그러다보니 예언에 대한 신뢰도는 더욱더 빠른 상승세를 나타냈지만 그만큼 잘못된 정보와 헛소문도 같이 늘어났습니다. 잘못된 정보는 한 사회를 혼란으로 빠뜨릴 수 있습니다. 얼마나 냉정한 대응이 가능한가에 따라 혼란을 막을 수 있습니다.

개인은 예언이 끼치는 심리적 영향을 줄이기 위해 어느 정도 거리를 두는 것이 아주 중요하다는 사실도 기억해야 합니다.

일본에서 이 예언을 믿는 사람들이 늘어나면서 한 가지 반가운 점이라 한다면 방재 대책을 세우는 집이 늘고 있다는 것입니다. 재해가 발생하는 건 인간의 힘으로 어찌할 수 없으나, 피해를 최소화하고 말고는 인간의 힘에 달려 있습니다.

다시 한 번 피난훈련과 비축품을 점검하는 지자체 지역들도 있습니다.

사실 돈이 들어가지만 개인적으로 할 수 있는 최대의 투자는 현재 살고 있는 집의 내진 능력을 보강하는 것입니다. 올해 3월 말 미얀마에서 일어난 규모 7.7의 지진만 봐도 건물의 내진성이 얼마나 중요한

지를 일깨워줍니다.

역시 예언은 적중하고 말고는 차치하고서라도 사람들에게 방재 의식을 다시금 생각해보게 만드는 효과는 반드시 존재합니다. 그러니까 어떤 예언을 믿는다면, 그 믿음이 재해에 따른 준비를 할 수 있는 동기로 작용해야 한다는 것입니다.

예언을 믿고 시작한 방재 대책이겠지만, 이는 반드시 과학적인 근거들을 가진 대책들로 이루어져야 한다는 것은 중요한 사실입니다. 과학적 접근만이 예언의 불확실성을 조금은 확실하게 감소시킬 수 있는 유일한 방법이 될 것이기 때문입니다.

나비의 날갯짓 하나가 추후 전혀 예상하지 못한 결과를 가져온다는 버터플라이 이펙트. 다쓰키 료 씨는 오래전 자신의 원작에 가필해 내놓은 『내가 본 미래 완전판』을 이렇게 대한민국 사람들까지 열광하며 소비할 줄 알았을까요? 호사카 유지 교수의 유튜브를 보면 다쓰키 료 씨가 예언한 딱 그 지점과 과거 베트남 전쟁 당시 미군이 실수로 수소폭탄을 떨어뜨려놓고 비밀에 부친 지점과 일치한다는 의견을 내놓았습니다. 그러니까 화산 폭발이 아니라 수소폭탄 폭발이 될 수도 있다는 가능성을 제시하지요.

이를 받기라도 하듯 소박사 TV의 지진박사 님은 다쓰키 료 씨가 예언한 그 지점 해저 인근에는 폭발할 만한 화산이 없다고 없다고 검증하는 내용을 올렸습니다. 이렇게 그의 예언은 관련 학계의 학자부터 과학자들까지 의견을 보태며 점점 비과학적인 부분은 빠져나가고 과학적으로 가능성이 남아 있는 부분들만 마지막으로 검증을 받는 것처럼 보입니다.

모든 사람이 이렇게 움직이는 것은 한국과 일본의 바다와 하늘은 이어져 있다는 사실 때문입니다. 결국 대형 자연재해는 인접해 있을 경우 어떻게든 서로 영향을 줄 수밖에 없습니다.

2011년 동일본 대지진의 영향으로 우리의 한반도도 몇 센티미터 움직였다고 하지요? 결국 나비의 날갯짓은 다시 우리 자신에게 돌아옵니다. 전혀 예상치 못한 결과를 낳을 줄 알았던 이 예언은 어느 정도 예상 가능한 결론으로 우리 곁으로 돌아왔다고 말할 수 있겠지요. 준비할 것. 대비할 것. 그리고 하루를 살 것. 멀리 가지도 말고 되돌아가지도 말고 그저 한 치 앞 인생길을 성실히 살며 맡은 바 소임을 다하는 수밖에 없다는 것을 무슨 영문인지 그의 예언을 통해 배워나갑니다.

> **Tip 6**
>
> ## 재난용 추천 앱
>
> √ 한국에서 일본으로 올 때 : Saftytips
> √ 한국 : 안전디딤돌, 경기 안전대동여지도
> √ 일본 : Yahoo!防災速報(Yahoo! 방재정보),
> NHKニュース·防災アプリ(NHK뉴스 방재앱)

제2부 _ 지진 탐구생활

가장 뛰어난 예언자는 과거이다.

The best prophets of the future is the past.

(영국의 철학자 바이런 명언)

제1장
첫경험

때는 바야흐로 2004년 11월경. 제가 일본으로 건너온 것을 축하도 할 겸, 남편 고등학교 단짝친구 둘과 인사도 할 겸, 저희 부부는 1박으로 그 친구들과 오쿠닛코라는 곳으로 단풍여행을 가게 됩니다. 그곳에서 어떤 일을 마주치게 될지는 꿈에도 모르고 말이지요. 당시 고속버스를 타고 떠난 우리 일행은 버스 정류장에서 내려 예약해둔 숙소까지 길고 긴 멋진 하이킹 코스를 걸었습니다. 더불어 저세상 레벨의 단풍을 감상하면서 말이지요. 자연이 잘 보존되고 색색으로 물든 한 시간 남짓의 하이킹 코스! 그곳을 걷는 건, 이건 뭐 신선놀음이 따로 없을 정도였습니다. 일본에 처음 온 해이다보니 안 멋있고 안 예쁜 곳이 없었습니다.

게다가 그때 찾은 곳은 일본 단풍 명소로는 간토 지방 안에서 세 손가락 안에 꼽히는 지역이었거든요. 그렇게 걸어 걸어 드디어 도착한 숙소! 추운 날 걷느라 지친 남자팀이 먼저 온천을 다녀온다고 가고 저만 홀로 방에 남겨진 상태였습니다. 저도 지친 몸과 발을 쉴 겸

료칸 방에 널브러져 TV를 시청하며 쉬고 있을 때였죠.

그때였습니다.

갑자기 "쩍~"하는 소리와 함께 창문과 미닫이문, 그리고 방에 놓여 있던 TV가 덜덜덜 흔들리기 시작하더니 방안이 덜컹대며 울려대기 시작했습니다. 어떤 형태의 건물에서 큰 지진을 겪느냐에 따라 그 강도와 무서움이 전혀 달라진다는 것을 그때는 몰랐고 지금은 알고 있죠.

처음 느껴보는 그 큰 진동과 목조가옥이 내던 덜컹덜컹 흔들리던 소리! 이는 제 가슴을 놀라움으로 채우는 데 충분했습니다. 그러나 그렇게 놀라고만 있으면 안 됐습니다. 저는 동시에 본능적으로 그동안 남편에게 수시로 전수받은 지진교육 1번을 생각해냈습니다. '일단 현관문을 열어서 밖으로 도망갈 통로를 확보하라!'

그렇습니다. 남편은 일본으로 시집온 제게 제일 먼저 일본에서는 반드시 밥그릇을 들고 먹을 걸 당부했고, 두 번째로 **지진이 오면 현관문을 열어두라**고 입이 닳도록 교육을 시켰습니다.

그렇게 배운 대로 문을 열자마자였습니다. 저와 동시에 같은 스피드로 앞방에서 뛰쳐나오는 외국인 여자와 마주쳤습니다! 프랑스에서 왔다고 했습니다. 이미 두려움에 휘감긴 그녀도 역시 두려움으로 덜덜 떨고 있는 저와 눈이 마주치자, 완전 본토박이 프랑스 억양 가득한 일본어로 제게 멘트를 날립니다.

「地震、こわい！」(지진 무서워!)

「ねえ、本当にこわいよね？」(맞아 맞아! 진짜 무섭다, 그치?)

「死ぬかと思った！」(진짜 죽는 줄 알았어!)

　그렇게 한동안 우리 둘은 방문을 잡고 서서 여차하면 이번엔 료칸 밖으로 튀어나갈 기세로 대기하고 있었습니다. 유카타를 입은 외국인 둘이서 겪고 있었던 지진. 다행스럽게도 다시 흔들리는 일은 없었습니다. 그렇게 밍숭맹숭 서로를 쳐다만 보고 있던 우리는 더 이상 별일이 없자 서로 문 닫고 다시 들어가기로 합의를 봅니다. 그리고 그로부터 한참 후 온천 갔던 세 명의 남자들이 돌아왔습니다. 저는 이들을 보자마자 방금 얼마나 큰 지진이 일어났는지에 대해 입에 거품을 물고 설명하기 시작했습니다.

　그런데 이 남자들 하는 말이 가관입니다.

「あっ、そう言えばちょっと揺れるなと思ってたよ。」

(아, 그러고 보니 아까 온천할 때 물이 좀 튀긴 했어.)

좃또 좃또 좃또!

잠깐 잠깐 잠깐만요!

저기요! 여보세요!!! 일본 현지인 여러분들!!!

이 네이티브 3인방 남자들은 아까 온 지진이 '좀 흔들리나' 싶었더랍니다. 전 이게 웬 날벼락인가 싶었는데 말이지요! 더군다나 온천탕 안에 들어앉아 있어서 잘 못 느꼈다나요. OMG! 그게 못 느낄 지진의 강도가 아니었는데요!!! 그날 지진 강도는 진도 4. 하필이면 목조 가옥 료칸에서 처음으로 강한 지진을 느낀 건 저의 업보라고 해두기로 하지요. 하지만 진도 4. 이라는 같은 지진을 겪고도 더 크게 느낀 저와 그냥 가볍게 넘기는 현지 일본인. 이 차이는 제가 지진을 통해 느낀 첫 컬처쇼크였답니다.

그러나 나중에 20년 가까이 일본에서 살며 여러 가지 크기의 지진을 겪어보니 저도 좀 바뀌었습니다. 지진 진도 4는 그때 이 세 남자의 반응처럼 '음, 약간 센 지진이 왔었나보군!' 이 정도이지 확실히 과거의 저처럼 호들갑 떨 정도는 아니었다는 것을요. 지금은 확실히 말씀드릴 수 있습니다. 사랑만 변하는 게 아니라 지진을 느끼는 감각도 이렇게 경험이 쌓이면 변한답니다.

간토 지방, 그러니까 도쿄, 지바, 요코하마, 사이타마, 가와사키는 대략 우리의 서울, 경기, 인천, 부천, 수원, 안양, 분당 지역 정도에 해당하는 곳입니다. 이곳에 살고 있으면 지진 강도 진도 3과 4 정도는 생활 속에서 너무나도 자주 만나게 되지요. 그만큼 지진이 빈번한 지역이랍니다. 가장 많이 마주하는 강도는 진도 3. 하지만 여기 사람들은 속보로 뜨는 지진 속보를 봤을 때 진도 3이면 '아~ 그런갑다~' 하지, 전혀 무서워하지 않는답니다. 왜냐하면 3 정도의 지진은 사람에 따라, 장소에 따라 느끼기도 하고 못 느끼며 지나가기도 하거든요.

하지만 4 정도면 확실히 어디서든 느낄 수 있는 강도가 됩니다. 걸어가다가, 차를 타고 가다가 느끼려면 적어도 3에서 4 정도는 와야 한답니다. 일상에서 하도 많아서 지진 취급도 못 받는 진도 2는 둔한 자들에게는 어쩔 땐 감지가 되기도 하고 잠잘 때 오면 모르고 지나 갈 때도 많지요. 그래요, 그때부터였던 것 같아요. 단풍놀이 료칸 지진 사건 이후 어지간하면 지진은 겪고 싶지 않다고 말하기 시작한 게 말이죠.

우리의 대전 정도에 해당하는 일본의 가장 중앙에 해당하는 기후현으로 이사오고 나서 정말 지진 대비가 각 현마다 다르다는 것을 실감했습니다. 그건 바로 여기 아이들은 간토 지역 아이라면 무조건 구비해야 할 일명 지진 방석(평소에는 방석으로 쓰다가 지진 오면 머리에 뒤집어쓰고 피난할 때 쓰는 용도)을 학교에서 일언반구도 안 한다는 사실이었답니다.

필요 없다 이거죠! 지진 안 온다 이거죠, 여기는! 그만큼 여기서 산 9년이라는 시간 동안 지진을 거의 잊고 살고 있답니다. 진짜 어쩌 다 가뭄에 콩 나듯 한 번씩 오긴 오는데, 오더라도 진도 1, 2 정도의 우스운 정도? 제가 이렇게 다시 지진에 대해 갑론을박을 할 수 있는 여유를 가지게 된 것도 그곳, 즉, 간토 지방에서 꽤 멀리 떨어진 그곳보다는 좀 더 안전한 이곳에서 살고 있기 때문일 것입니다.

　지진만 놓고 본다면 탈일본은 못 하더라도 탈수도권만 해도 반은 성공이다 싶습니다. 일단 이 지역, 기후현은 지바현 가시와시와는 비교도 안 될 정도로 지진과 방사능으로부터 안전합니다. 먹거리도 지바현에 살 때는 매일 마트에 보이는 게 동일본 대지진이 일어났던 지역과 겹치는 후쿠시마산, 이바라키산, 이와테산, 미야기산 농수산물뿐이었습니다. 그런데 기후현에서는 아래 지방, 그러니까 규슈, 미야자키, 고치, 도쿠시마 등등 비교적 방사능에서 안전한 지역에서 올라오는 제품들뿐이죠.

　물론 가끔씩 여기 슈퍼에서도 후쿠시마산을 구경할 기회는 있습니다. 오이가 대표적인데요. 가끔 이 가격이 아닌데 싶은 미친 가격에 오이를 팔 때가 있습니다. 오이 킬러인 저는 버선발로 달려들어 잔뜩 집었다가 생산지가 후쿠시마산이라고 쓰여 있는 걸 확인하는 순간 그냥 조용히 내려놓는답니다. 웃기는 건 그날 다른 건 다 팔려도 후쿠시마산 오이만은 처음 그 모습 그대로 쌓여 있을 때가 많답니다. 다들 비슷하단 말이죠.

　말은 안 하지만 가능하다면, 피할 수 있다면 피하고 싶은 것이 여전히 후쿠시마에서 생산되는 농수산물일 겁니다. 내부피폭을 피하고 싶은 처절한 마음이랄까요? 하지만 한 가지 더 무서운 소문은 일본

편의점에서 팔고 있는 오니기리의 쌀은 전부 후쿠시마산이라는 말이 있습니다. 믿거나 말거나 말이지요!

진도 0
흔들림을 감지하지 못한다.

진도 1
실내 조용한 곳에 있는 사람들 중 일부만 흔들림을 느낀다.

진도 2
실내 조용한 곳에 있는 사람들 중 절반 이상이 흔들림을 느낀다.

진도 3
실내에 있는 사람들 대부분이 흔들림을 느낀다.

진도 4
• 대다수가 놀란다.
• 매달린 전등이 크게 흔들린다.
• 물건이 떨어지기도 한다.

진도 6약
• 서 있기가 곤란하다.
• 고정되어 있지 않은 가구 대부분이 움직이며 쓰러지는 경우도 있다.
• 문이 열리지 않게 되기도 한다.
• 벽 타일, 창문 유리가 파손되거나 떨어지는 일이 있다.
• 내진성이 약한 목조건물은 기와가 떨어져 내리거나 건물이 기울기도 한다.
• 건물이 쓰러지는 경우도 있다.

진도 5약
• 대다수가 공포감을 느끼며 원가를 붙잡고 싶어 한다.
• 수납장의 식기류나 책이 떨어지기도 한다.
• 고정되어 있지 않은 가구가 움직이거나 불안정하게 기우는 경우도 있다.

진도 6강
• 기어가지 않으면 움직일 수 없고, 강한 흔들림에 튕겨져 나가기도 한다.
• 고정되어 있지 않은 가구의 대부분이 움직이며, 쓰러지는 가구가 많아진다.
• 내진성이 약한 목조건물은 기울거나 쓰러지는 일이 많아진다.
• 땅이 크게 갈라지거나 대규모 산사태 등이 발생할 수 있다.

진도 5강
• 원가를 잡지 않으면 서 있기 곤란하다.
• 수납장의 식기류나 책이 떨어지는 일이 많아진다.
• 고정되어 있지 않은 가구는 쓰러지기도 한다.
• 담장의 벽돌이 무너져 내리기도 한다.

진도 7
• 내진성이 낮은 목조건물은 기울거나 쓰러지는 경우가 한층 더 높아진다.
• 내진성이 높은 목조건물이라도 드물게 기울기도 한다.
• 내진성이 낮은 철근 콘크리트 건물 중에는 기우는 경우도 많아진다.

지진이 관측될 때 그 주변에서 발생할 수 있는 흔들림 현상과 예상 피해 규모. 일본 기상청 홈페이지에서 확인할 수 있다.

일본 지진
진도 해설

한국의 지진 관련 안내 사항은 한국 기상청 홈페이지에서 확인할 수 있다.

한국 지진
진도 해설

제2장

공포가 처음 시작된 날,
동일본 대지진 이야기 _ 1

2011년 동일본 대지진 발생 한 달 뒤 첫돌을 맞이했던 저희 막내는 올해로 중3이 되었습니다. 그렇게 흐른 세월 14년! 하지만 그날 있었던 지진, 쓰나미, 원전 사고는 아직도 일본이 떠안고 있는 가장 무거운 문제 중 하나이고 여전히 풀지 못하고 있는 숙제이기도 하지요. 오염수 방류라는 새로운 문제까지 만들어내고 있고요. 쓰나미만 빼고 두 개를 경험했던 2011년 그날의 이야기를 이제부터 들려드려볼까 합니다.

다시 돌아봐도 쌀쌀했던 그해 3월. 일본의 3월은 우리와 달리 한 학년을 마무리하는 달입니다(4월부터 7월이 1학기, 9월부터 12월이 2학기, 1월부터 3월이 3학기). 3월 중순의 일본은 열흘 정도 뒤에 있을 종업식 준비며 졸업식 준비 등 이것저것 마무리를 짓느라 아이들도 바쁘고 선생님들도 한창 바쁠 때이지요. 당시 7세 반 첫째와 5세 반 둘째가 유치원에 가는 시간은 아침 8시 30분. 집 앞까지 와주는 유치원 버스를 타고 등원했다가 오후 2시 30분이 되면 다시 그 버스를 타고 집 앞으로 돌아옵니다.

2011년 3월 11일 금요일. 그날도 여느 날과 똑같았습니다. 오후 2시 30분, 두 아이가 유치원에서 돌아올 시간은 아직 어린 셋째가 낮잠 자는 시간이라 잠든 셋째를 업고 밑에 내려가 아이들 버스를 기다립니다. 같은 연립에 살며 같은 유치원에 보내는 엄마들이 당시 무려 6명. 이런저런 이야기를 나누다보면 어느새 도착하는 유치원 버스. 버스에서 내린 아이들은 내리기가 무섭게 유치원 가방을 집어 던지고 자기들끼리 우다다다 뛰어다니며 집 앞에서 놀기 시작합니다. 그렇게 15분 남짓한 시간이 지났을 무렵이었습니다.

"쿵! 쩌어억!!"
정확하게 표현할 수는 없지만 아마도 이런 소리였던 것 같습니다.
세상에 대포 소리가 이 정도로 클 수 있을까요?
아니면 총소리가 이보다 더 클 수 있을까요?

그 큰 지진은 정말 예고 없이 갑자기 찾아왔습니다. 일상의 평온함이 무너지는 건 정말 한순간이더군요. 일말의 흔들림도, 그 어떤 전조현상 하나 없이 느닷없이 그렇게 한 방에 '소리와 진동'으로 짝을 지어 찾아온 그날의 거대 지진! 길고 강하게 이어졌던 대지진! 내 눈으로 보면서도, 발밑이 흔들리고 있어도 도무지 믿을 수 없는 현상.

지진이 그 순간 거기에 있었습니다.

'이 세상이 아닌 알 수 없는 시공간으로 빨려 들어온 건가'라는 생각도 잠깐 스쳤습니다. 도무지 현실을 파악할 수 없을 정도였거든 요. 그건 바로 눈앞에 펼쳐진 현상을 이해할 수 있는 일생의 지진 경 험치가 턱없이 부족했기 때문이었습니다. 자잘한 지진은 겪어봤지만 이렇게 큰 지진은 정말 처음이었기 때문입니다. 그렇게 벼락 소리도 울고 갈 정도의 엄청난 굉음, 지나리(じなり, 지진 소리)로 시작을 알린 그날의 거대 지진.

「地震だ!」(지진이다!)

한 엄마가 외치는 소리를 듣고서야 겨우 지금 무슨 일이 일어났고 그게 지진이라는 것을 납득하게 되었습니다. 무섭지만 그렇다고 주저 앉을 수도 없는 상황. 주저앉기에는 발밑의 지면이 정말 현실 세계에 서는 일어날 수 없는 현상처럼 흔들거리고 있었습니다. 정신이 좀 들 자, 조금 전까지 뛰어놀던 우리 두 아이를 빨리 찾아내야 했습니다.

'애들! 우리 애들은?'

흔들림이 너무 심해서 그 자리에 얼음처럼 얼어붙은 아이들은 뿔 뿔이 흩어진 채 울부짖으며 각자의 엄마들을 부르고 있었습니다. 엄 마에게 달려오고 싶어도 발밑의 땅이 흔들거려 움직일 수 없는 기묘 한 광경. 그나마 베테랑 엄마가 신중한 목소리로 아이들 쪽을 진두지

휘하고 있었습니다.

「みんな、今動いちゃだめだよ。」(얘들아, 지금 움직이면 안 돼!)

당시 저희 동네는 동일본 대지진 진원지에서 대략 172킬로미터 떨어진 곳. 서울에서 대전 가는 것보다 더 먼 거리였습니다. 그런데도 이 정도라니! 당시 동영상을 찾아보시면 아시겠지만 더 멀리 떨어진 도쿄에도 엄청난 강도의 지진이 왔으니 그보다 진원지와 더 가까운 저희 동네의 충격을 대략 상상은 해보실 수 있을 겁니다. 그러니 그때 지진의 진원지에 살고 있었던 도호쿠 지방 현지 사람들이 받았을 충격이 얼마나 심했을지는 감히 상상만 해볼 정도입니다. 이세계(異世界)의 헬게이트가 열리는 듯한 굉음과 흔들림. 나는 왜 여기에서 이 무서운 지진을 겪고 있어야 했을까? 밑도 끝도 없이 억울했던 그 기분은 지금도 잊을 수가 없습니다.

길게 흔들리던 지진이 잠시 멈추자 순간적으로 떨어져 있던 엄마들은 얼른 자기 아이들과 짝을 이루었습니다. 그렇게 가족끼리 다 모이자, 엄마들은 울고 있는 아이들을 안쪽에 원을 만들어 앉게 하고, 바깥쪽을 엄마들이 보호하는 모양으로 바닥에 앉기 시작했습니다.
저는 완전 정신이 반쯤 나간 상태였습니다. 그제야 다른 엄마들도 제가 일본인이 아니라 더 겁먹고 있다는 것을 알아챘고 괜찮을 거라며 저를 안심시키려고 해주었습니다. 따뜻했던 이웃들. 이곳 엄마들은 훈련이 많이 된 듯, 저보다는 다들 능숙했죠. 하지만 그녀들도 한 마디씩 하기 시작했습니다.

「これは大きいね!」(이 지진은 제법 큰데!)
「これやばいね!」(이거 좀 위험한데!)
「これはこわいね!」(이건 좀 무섭네!)

그리고 다시 찾아온 여진.

그때 집 앞에 주차돼 있던 차들이 요동치기 시작했습니다. 위아래로 부웅부웅 튀어올라 정말 이쪽으로 튕겨져 올 듯한 자동차들! 그 옆에 세워져 있던 전봇대는 팽팽한 전선줄이 금방이라도 끊길 듯 팽팽해졌다 느슨해졌다를 반복했고, 집 앞에 있던 7층 아파트는 흔들흔들했습니다. 두려움에 떨며 무서워 소리치며 울부짖는 두 아이를 꽉 끌어안고 한 손으로 업고 있는 셋째를 토닥이며 두 눈을 질끈 감고 마음을 저 멀리 안드로메다로 보내는 수밖에 달리 방법이 없던 그 짧지만 강력한 순간들!

그렇게 끝나지 않을 것 같은 거대한 진동이 또다시 한바탕 지나갔습니다. 공포에 젖은 울부짖음만 남은 시간들이 이어집니다. 이때 갑자기 건물 위쪽에서 말소리가 들렸습니다. 같은 연립 2층에 사는 초등학생 외동딸을 키우던 나카고시 씨였습니다. 마침 집 안에 있었던지

창문을 열고 밑에 납작 엎드려 있는 유치원생 엄마들에게 지금 온 지진의 강도를 알려줍니다. 진도 6! 진도 6은 일본으로 건너와 처음 들어보는 강도였습니다.

이때부터 같이 있던 엄마들의 의견이 분분해지기 시작했습니다. 당장 각자의 집으로 흩어져 올라가는 것은 위험하니 일단은 여기 밖에서 더 있어야 한다는 엄마가 반, 밖에 있다 뭐가 날아올지 모르니 일단 각자 집으로 돌아가자는 엄마 반! 아아, 어찌하오리오! 당장 집 안으로 들어가는 것도 무섭고, 그렇다고 밖에 그렇게 서 있는 것 자체도 너무 무서웠습니다. 결론이 나지 않자, 그럼 일단 아이들을 안전하게 주차장에 주차되어 있던 제일 큰 차에 모두 들어가 있게 하고, 밖에서 엄마들은 조금 더 상황을 지켜보기로 합니다. 그때였습니다. 잔뜩 겁먹은 얼굴을 한 여자아이 하나가 울부짖기 시작한 것이 말이죠.

「死にたくないよ！」(죽고 싶지 않아요!)

아마 그 어린아이도 지금의 상황이 예사롭지 않았다는 것을 느꼈을 것입니다.

제1파의 강한 지진이 한 번 치고 가고, 여진이 다시 한 번 오기 전 바로 앞에 있던 7층 아파트 사람들이 일제히 현관문을 열고 각각의 층 문 앞으로 나타나기 시작했습니다. 바로 집 앞에 자리한 아파트였지만 이렇게 많은 사람들이 살고 있었는지 예전엔 한번도 본 적 없는 풍경이었습니다.

한국보다 동쪽에 자리한 지바현 가시와시는 오후 4시 반이 지나자 뉘엿뉘엿 해가 지기 시작했습니다. 결국 아이들도 추워하고 밖도 꽤 컴컴해지자 일단 각자 집으로 돌아가기로 합니다.

밖에서 두려움에 떨던 그 와중에도 단연 돋보인 엄마가 하나 있었습니다. 그 엄마는 지진이 일어나자마자 "잠깐만!" 이러더니 당장 무너져 내릴지도 모르는 자신의 집 현관에 보관 중인 지진대피용 배낭을 들어가 바로 메고 나온 것입니다. 이분 아들이 달걀 알레르기가 있어서 만약 대피소로 가야 할 경우를 대비해 알레르기 대비용 먹거리가 들어 있는 가방을 목숨 걸고 갖고 나온 것입니다. 자기 아들의 생명줄이라며 우리에게 그렇게 행동할 수밖에 없었던 이유를 설명해 주던 그의 표정은 비장하기까지 했습니다.

다행히 우리가 살던 지역은 건물 피해는 적어서 대피소행은 피할 수 있었지만 저랑 마침 동갑내기였던 그의 준비성은 저에게도 큰 깨달음을 주었습니다. **언제 어디서 지진을 만나게 될지라도 삶과 일상을 유지할 수 있는 식량은 반드시 확보해놓고 살아야 한다**는 가르침을 말이지요!

당시 저희 집은 103호. 1층은 주차장이었기 때문에 사실상 2층이었습니다. 계단마다 두 집씩 마주보고 자리한 연립이었습니다. 터벅 터벅 계단을 오르는 제가 너무 진이 빠져 안쓰러워 보였는지 같은 층의 앞집 104호 야마모토 씨가 혹시 무서우면 자기네 집에서 같이 있어도 된다고 해서 일단 모여 있기로 합니다.

무서움을 뒤로하고 일단 아이들은 104호에 맡기고 이불 및 필요한 물품을 챙기러 집으로 들어가는데 그게 또 얼마나 무섭던지! 제가 살던 집이 그렇게 무섭게 느껴진 건 그때가 처음이자 마지막이었습니다. 저 집에 들어가 있는 동안 또 지진이 와서 폭삭 부서지면 남겨질 우리 애들은 어쩌나…. 그리고 난? 다행히 콘크리트로 지어진 제가 살던 연립은 튼튼했던 덕분에 액자 몇 개만 바닥에 떨어져 있었고 나머진 다 원래 있던 자리에 있어서 안심이 되었답니다. 그렇게 필요한 이불을 들쳐 메고 옆집 야마모토 씨 집으로 모였고, 잠시 후 3층 이토 씨도 어린 자매 둘을 데리고 내려왔습니다.

그리고 우린 다시 한 번 다같이 고민을 해야 했습니다.

만약 지진이 다시 와서 집이 무너져 내릴 경우 3층이 남을지 1층이 남을지, 과연 우린 3층에서 피신하는 것이 좋을지 아니면 안전하다고 판단되는 낮은 층인 1층에서 피신을 계속할지를 놓고 고민에 고민을 거듭했죠.

결론은 1층이 더 안전한 것으로 의견이 모아졌고 그렇게 아이들을 넓은 거실에 이불을 깔아 눕히고(애들 캠핑 온 거 같다면서 무지 좋아해서 그나마 한숨 쉈던 기억이 납니다), 엄마 셋은 NHK 뉴스를 보기 위해

TV 앞으로 모여 앉았습니다. 한숨도 못 자고 그렇게 밤새워 지켜봐야 했던 NHK 뉴스 속보들. 여진을 알리는 경고음들. 뉴스 앵커의 고조된 목소리. 긴박함을 전하는 현장의 기자들 등등.

여태껏 살면서 경험한 것 중에 가장 무서운 게 무엇이냐고 제게 묻는다면? 저는 단숨에 대답합니다.

그건 바로 '**지진**'이라고! 그날의 지진이었노라고! 2011년 3월 11일 오후 2시 46분 일본에서 마주한 거대 지진이 이 세상 살면서 제일 무서웠노라고!

제3장
공포가 처음 시작된 날,
동일본 대지진 이야기 _ 2

밤새 쉼 없이 왔던 여진을 겪는 것만으로도 힘들었는데 여진과 함께 온 지진 경보 소리 때문에 경기를 일으킬 정도가 되었습니다. 경보음은 아무래도 사람의 주의를 끌어야 하니, 뇌리와 귀에 바로 꽂히는 자극적인 높이와 음으로 만들어져 있습니다. 당연히 그래야 하고요. 그런데 이미 낮에 온 대형 지진으로 정신줄을 놓은 상태인데 날 선 경보음까지 가세해 밤새 시달리고 나니 이거 사람 훅 가는 거 진짜 한순간이겠구나 싶었습니다. 시시각각 후쿠시마, 미야기, 이와테, 이바라키, 지바 근처에 여진이 올 거라는 방송과 함께 날아와 귀에 꽂히는 경보음은 살면서 맛본 최악의 지옥 맛이었습니다.

다행히 지진 다음 날은 토요일인 관계로 아이들을 유치원을 보내야 할지 말지는 고민하지 않아도 돼서 괜찮았습니다(물론 나중에 당분간 유치원은 휴원했습니다). 문제는 전날 돌아오지 못한 남편들이었습니다. 동일본 대지진이 일어나고 제일 먼저 마비된 것은 예상대로 당연히 '전화 연락'이었습니다. 그리고 아마도 그다음은 '전철, 지하철'이었던 모양입니다.

핸드폰은 아예 처음부터 터지지 않았고, 집 전화는 처음에는 안 되다가 어느 정도 시간이 흐르자 다시 연결이 되었습니다. 당시 저희 집과 시댁은 걸어서 30분 정도였지만 전화가 연결된 건 며칠 후였습니다. 지진이 무서워 서로 생사만 확인하고 시부모님과 다시 만난 것은 2주일 정도가 지난 후였습니다. 그 정도로 서로가 공포에 벌벌 떨던 시간이었습니다. 집 밖으로 정말 한 걸음도 안 나갔던 기억이 납니다. 물론 아이들도 내보내지 않았지요. 세상에서 집이 가장 안전했던 시간. 본의 아니게 피난 시설 같았던 각자의 집.

지진이 일어난 곳에서 멀리 살았던 일본 현지 사람들도 마찬가지였 겠지요. 자신의 지인들, 친척들, 가족들의 안부가 궁금한 것은. 마찬가지로 한국에서도 연락 양이 어마어마했을 것입니다. 삽시간에 속보로 전해졌을 일본의 처참한 지진 풍경, 쓰나미, 원자력 발전소 폭발! 걱정스런 마음에 사람들은 바다 건너 일본에 살고 있을 가족이나 자녀, 친척, 지인들, 친구들을 향해 애타는 마음으로 전화기를 붙잡고 버튼을 눌렀겠지요. 서로 연락이 닿지 않았을 때의 그 심정들을 하나하나 헤아려보면 지금도 가슴이 먹먹해지기도 합니다.

다시 생각해봐도 그때 저희 아이들이 유치원에서 돌아오고 난 뒤지진이 온 건 정말 신의 가호였습니다. 저희 집이 유치원 버스 코스 중처음 부분에 들어 있어서 진짜 덕을 많이 봤습니다. 안 그랬으면 아직

한 살도 안 된 갓난아기 셋째를 업고 그 먼 유치원까지 애들을 데리러 갔다가 두려움에 떨며 갔던 길을 다시 걸어와야 했을 테니까요.

　지진이 나고 가장 먼저 발 빠르게 움직인 곳은 초·중학교였습니다. 이 지진에 아이들을 데리러 학교로 오라는 스쿨 메일이 온 거죠. 자연재해가 많은 일본에서는 지진에 대비해 학교 측과 사전에 서로 약속을 해둡니다. 진도 5 이상의 강진이 발생할 경우, 지진이 잠시 안정된 뒤 반드시 학부모나 조부모가 직접 아이를 데리러 학교에 오기로 말이지요. 사전에 아이를 데리러 올 사람이 누군지 1순위, 2순위, 3순위까지 이름과 관계를 적어서 미리 제출해놓는답니다.

　당시 아직도 밖에 모여서 상황을 예의주시하며 대기하고 있던 우리. 그중에 당시 초등학생을 자녀로 둔 몇몇 엄마들은 유치원생을 우리에게 잠시 맡겨놓고 자전거를 타고 학교로 향했습니다. 학교에 있는 아이들을 픽업해와야 했기 때문입니다. 그렇게 초등학생들도 잠시 후 집으로 돌아왔습니다. 공포에 질린 새하얀 얼굴을 한 채로 말이지요.

　중학교의 경우 그나마 동네에서 가까운 공립중학교로 진학해 다니던 애들은 걸어서 돌아올 수 있었다 쳐도, 도쿄에 있는 사립학교로 전철을 타고 다니던 수많은 초·중·고생들은 그날 어떻게 자신의 집으로 돌아왔을까요? 아니, 돌아올 수나 있었을까요? 제 아이들이 크고 나서 이제야 보이는 것들이 생깁니다. 그 큰 지진을 도쿄에서 겪었을 지바현에 살았던 초·중·고생 아이들은 어떻게 그날을 기억하고 있을까요?

그 시절엔 유치원이 제가 접하고 있던 일본 세상의 전부였던 터라 전혀 생각도 못 해보고 있었네요. 분명 그 어린 친구들도 그날 밤 귀가하지 못하고 길바닥에서 혹은 전철역에서, 버스 정류장에서, 택시 정류장에서 끝을 모르고 줄을 서고 있던 사람들 사이에 끼여 하염없이 자신의 순서를 기다리며 밖에서 오돌오돌 떨고 있었을 텐데 말이지요.

TV 속 화면은 또 다른 공포를 가중시켜나갔습니다. 계속 이어지는 여진 속보 알람과 함께 도쿄의 교통 요지마다 시시각각 길에 늘어나기 시작하는 사람들. 그 와중에도 그들은 차분히 줄을 섰고 그 늘어선 줄은 줄어들 기미가 전혀 보이지 않았습니다. 곳곳에서 끊긴 철도 때문에 멈춰버린 전철을 포기하고 하염없이 기다리고 기다리고 또 기다리던 버스 줄, 택시 줄은 뒤엉켜 있었습니다. 그 모습은 마치 도쿄로 출퇴근하고 통학하던 사람들 모두, 일제히 밖으로 나온 것 같았습니다.

해외 토픽은 이 모습을 '지진 와중에도 침착하게 줄을 잘 서는 일본인'이라는 타이틀을 붙여 온 세상에 보란 듯이 내보내고 있었습니다. 그렇게 그들은 거기서부터 한 명 한 명 귀가 괴담을 만들어내며 집으로 걷기 시작합니다. 우리로 치자면 강남으로 회사 다니던 사람들이 어쩔 수 없이 한강 다리들을 건너 경기도에 자리한 집을 향해 걸을 수밖에 없는 상황? 걷는 것 이외에는 방법이 없었고, 그 길이 아니면 도무지 집에 갈 수도 없었을 것입니다.

　사실 몇백만 명이 넘는 유동인구를 자랑하는 도쿄의 회사원들이 밖으로 다 쏟아져 나왔을 때 그 혼돈은 감히 상상도 할 수 없을 정도입니다. 그래서 도쿄에 자리한 회사는 이런 대형 지진 시 약간의 비상식량과 지진 대책을 각 회사마다 어느 정도 준비해두고 있습니다. 1년에 한 번은 건물 자체적으로 계단을 이용한 피난 훈련도 실시하고 있지요.

　남편 회사도 도쿄역 근처 '오테마치(大手町,おおてまち)'라는 곳에 자리하고 있는데 지진 당일 집으로 가지 못해서 회사에서 잤던 사람들도 꽤 됐다고 하더군요. 건물이 하도 흔들려서 멀미가 날 정도였다는 후일담도 있었다고 합니다.

　그렇습니다. 그날 밤, 혹은 다음 날 아침 많은 이들이 택할 수 있었던 방법은 그저 늘 집으로 갈 때 타고 가던 전철 노선의 선로를 따라 걷는 것밖에 없었습니다. 그리고 그것이 그들이 찾아낸 최고의 해법이었을 테고요.

　봄이라고 하기엔 이르고 아직은 겨울이라고 생각하는 게 나을 정도로 쌀쌀함이 잔재하고 있었던 3월 11일 밤. 자료화면을 보면 많은 이들이 아직 파카를 입고 있었던 모습을 볼 수 있습니다. 얼마나 춥고 배고프고 다리 아프고 화장실 가고 싶고, 얼마나 무서웠을까요! 그렇게 해서 옆집 남편, 윗집 남편, 저희 시동생도 대략 6~7시간의 보행 기록을 달성하며 다음 날 오후 시간에 각자의 집으로 속속 돌아오기 시작합니다. 지금 구글맵으로 검색해봐도 남편 회사가 있던 도쿄역 근처에서 당시 살던 저희 집까지 대략 33킬로미터. 도보 7시간 3분이 나옵니다.

당시 제가 살던 곳은 도쿄로 출퇴근하기 쉬우면서 도쿄보다는 비교적 집값이 비싸지 않은 거주지역이라 전철로 도쿄로 출퇴근하는 사람들이 상당히 많은 제법 큰 외곽도시였습니다. 저희가 살던 연립은 자칭 '전근족' 전용 연립. 그러니까 3~5년 단위로 일본 지방이나 해외로 발령받아 전전하는 사람들이 모여 사는 곳이었습니다. 뜨내기들이 많다는 뜻이지요. 그리고 이 연립에 사는 사람 대부분은 직장이 도쿄에 있어 전철로 출퇴근해야 했습니다. 그동안은 급행 타면 금방 가던 도쿄였지만, 반대로 걸어서 돌아오려면? 다행히 (복 받은) 남편은 운 좋게 그날 나고야 출장 중이었지만 역시 연락은 닿질 않았죠. 남편한테 나중에 물어보니 일 끝내고 택시 타고 호텔로 돌아가다가 기사 아저씨에게 지진 소식을 전해 들었다는 딴 세상 이야기를 하더군요.

여기까지도 충분히 무서운 경험인데 그렇죠! 여러분들도 다 아시듯 무섭고 기나긴 밤이 가고 아침이 찾아오고 오후가 되자 이번엔 더 무서운 일이 터지고 맙니다. 바로 후쿠시마 제1원자력 발전소 폭발!

이 폭발과 동시에 다시는 이전의 일본으로 돌아가지 못하게 되는 그 사건이 터진 거죠. 그때까지만 해도 시시각각으로 들어오는 지진 피해에 모든 포커스를 맞추던 방송은 일제히 지금부터는 창문을 열어서는 안 된다, 환기통도 종이를 말아 틀어막아라, 외출을 삼가라, 이 제부터는 전기가 어떻게 될지 모르니 계획 절전을 하겠다라며 시시 각각 변해가는 상황을 전해오기 시작했습니다.

한편 당시 한국에 있던 원가족한테서도 한시라도 빨리 애들 데리고 일본에서 나오라고, 얼른 나오라고, 다시 연결되자마자 전화가 걸려오 기 시작합니다. 대기업에 근무했던 형부로부터 연락을 받았는데 회사 의 일본 지사에서 급박하게 돌아가는 상황을 전했습니다. 그 지사에 근무하는 분들이 한국으로 피난을 떠난다며 저 역시 얼른 일본에서 탈출할 것을 권했습니다. 그 당시 밖에서 보이는 일본은 도대체 얼마 나 위험했던 것일까요? 저는 괜찮지만, 아, 세 아이들을 위해서라도 이 곳을 벗어나고 싶었습니다. 저처럼 원가족이 한국에 있는 경우, 누구 라도 피난을 가고 싶어 했을 것입니다.

문제는 비행기표였습니다! 그리고 생계를 책임지고 있는 남편이었 습니다. 무릇 가족이란 무엇인가를 물어야 했던 긴박감. 죽어도 같이 죽고 살아도 같이 살아야 하는가를 놓고 고민한 우리는, 우선 어린아 이들을 위해 피난을 선택하게 됩니다. 남편을 남겨두고 가야 하는 슬 픔보다 아이들을 조금은 더 안전한 곳으로 데려가야겠다는 엄마로 서의 간절함을 놓을 수는 없었습니다. 저 또한 가늠할 수조차 없는 크기의 공포로부터 달아나고 싶었던 것이 솔직한 심정이었습니다.
그때 '이혼'까지도 생각해봤을 정도이니깐요.

제4장

오염된 흙을 걷어내라!
제염작업의 기억

동일본 대지진이 끝나고 제가 살았던 지바현 가시와시는 한동안 매일같이 뉴스에 이름이 거론되는 핫플레이스가 됩니다. 뉴스 타이틀은 방사능 핫스팟!

뉴스에 나올 일이 없던 평범한 동네였는데, 원전 폭발 며칠 후 불어온 바람이 문제였습니다. 후쿠시마 제1원전 폭발 시 공중으로 무수히 많은 방사능이 분출됐고 그 방사능은 바람 방향을 따라 구름이 되어, 비가 되어 멀리 여행을 떠납니다. 하필이면 멀리멀리 바로 제가 살고 있던 동네까지 말이지요. 아니, 도쿄와 지바현이 얼마나 넓고 넓은데 그 넓은 곳 중에서 저희 동네가 딱 걸리다니요! 지금 생각해도 정말 유감이랍니다.

그렇게 만들어진 수도권 일부 지역의 국지적인 방사능 오염 지역을 아울러 불렀던 방사능 핫스팟. 그중에서도 꽤 많은 방사능이 이동해 온 곳이 바로 당시 제가 살고 있던 곳 지바현 가시와시였다는 사실입니다.

방사능 핫스팟이 된 덕분에 예상외로 덕을 본 사람들도 있었습니다. 가시와시 집값이 유사 이래 처음이라고 말해도 좋을 만큼 뚝 떨어진 겁니다. 정말 당시 1억 조금 넘는 돈만 있으면 신축으로 마당 딸린 2층짜리 집 한 채(아주 넓지는 않지만)를 살 수 있을 정도였으니까요. 같은 연립 살던 동네 아줌마 중 그렇게 새집을 사서 가시와시에 정착한 집만 세 집. 저보고도 이렇게 쌀 때 집을 사두는 거라며 조언을 아끼지 않던 이웃도 있었는데….

하지만 그들은 저와 달리 어차피 이곳이 부모 때부터 살던 곳이고 여기서 자란 이들이었습니다. 그리고 여기서 아이들도 낳고 키우고 있어서 결국 뿌리를 내려야 하는 곳이니 싼 집값은 정말 땡큐였던 거죠. 아이들과 엄마는 이곳에 정착하고, 전근족인 아빠만 지방으로 홀로 도는 삶을 택한 것입니다.

반면 저 같은 뜨내기는, 비록 남편의 고향이긴 했지만 복잡하고 방사능으로 오염된 이 지역을 언제 떠날 수 있을까, 아니, 떠날 수나 있을까 하는 걱정과 궁리만 하고 있었습니다. 여기서 집을 산다는 생각은 꿈에도 하고 있지 않았습니다. 이재에 밝은 사람들은 진짜 신이 주신, 아니, 원자력 사고가 주었던 절호의 찬스를 놓치지 않지만, 저 같은 맹탕에게 그 기회는 보이지 않았던 거죠. 물론 지금은 1억 조금 넘는 돈으로 신축에 마당 딸려 있는 2층 집은 구입이 불가능하다는 것은 제가 따로 말씀 안 드려도 아시죠?

2011년 3월 11일 시작된 방황과 두려움. 한국에서 6개월 간의 치유를 마치고 9월에 다시 일본으로, 제가 살던 집으로 돌아오게 됩니다. 지진과 방사능의 공포로 다시는 돌아오지 않으리라 다짐했던 한국행. 하지만 내가 살았던 곳, 그리고 살아야 할 곳 일본으로 그렇게 다시 발길을 돌려야만 했습니다. 그것은 슬슬 초등학교에 입학해야 하는 첫째를 위한 선택이기도 했지만 사실 어쩔 수 없었습니다.

당시 상대적으로 더 안전한 한국이라는 선택지가 있었지만 제가 오로지 살림하며 아이 키우는 일밖에 머릿속에 들어 있지 않던 전업주부 모드였던 것이 문제였습니다. 기댈 수 있는 건 남편밖에 없었고, 어찌 됐건 가족은 다 함께 살아야 한다는 지론이 작동했습니다. 또, 한국에 나가 있는 동안 저와 같은 한일가족 중 많은 분들이 우리처럼 한국으로 피난을 가지 않고 일본에 남아서 버텨내는 모습을 보면서 느꼈던 남겨진 배우자에 대한 미안함도 있었습니다.

돌아오니 일본 동네 이웃들은 6개월 동안 별별 일이 다 있었다며 한국으로 피난 잘 갔다왔다고 저를 격려해주었습니다. 하지만 이렇게 훗날 그때 이야기를 책으로 쓸 줄 알았으면 그때 피난 가지 않고 쭉 살면서 어떤 일들이 벌어졌는지 직접 목격했더라면 하는 아쉬움은 남습니다(웃음).

그렇게 2011년 9월 유·초·중·고의 2학기가 시작될 무렵에 다시 돌아온 지바현 가시와시, 저의 제2의 고향. 그런데 가기 전과 비교해

변한 것이 하나 있었습니다. 모든 공원과 놀이터에 출입 금지 표딱지와 들어가지 못하도록 하는 줄이 빙 둘러 있었습니다. 그리고 설치된 표지판에는 정기적으로 측정하고 있는 방사능 수치가 적혀 있었습니다. 방사능 수치, 방사선이 인체에 주는 영향을 측정하는 시버트(Sv)를 측정한 값이 기록되어 있었지요. 지금도 제 입에서 아주 자연스럽게 튀어나오는 단위, 시버트.

적극적인 엄마들 중에는 직접 구입하거나 시에서 대여해주는 방사선 측정 기계를 들고 다니며 꽤 오랜 시간 동안 아이들이 자주 가는 놀이터며 연립주택 여기저기를 매일같이 체크하던 이도 있었습니다. 어디가 방사능 수치가 높은 곳인지, 어디가 그래도 조금은 나은 곳인지 그 엄마 덕분에 건질 수 있는 정보도 꽤 많았답니다. 일단 낙엽이 쌓인 곳이나, 빗물이 고이는 곳이 방사능 수치가 현저하게 높았습니다.

아니, 원전 사고는 전혀 다른 곳에서 터졌는데 피해는 왜 엉뚱한 우리가 입어야 하냐며 참 억울하단 생각이 들었습니다. 당시 가시와시 오염 수준이 어느 정도였냐 하면 2011년 10월 23일 「아사히신문」 기사를 찾아봐도 알 수 있습니다. 지바현 가시와시 네도라는 지역에서 시간당 57.5마이크로시버트의 높은 방사선량이 측정되어 문제가 되었다는 기사가 남아 있습니다.

참고로 연간 한계 방사선량은 100마이크로시버트입니다. 현장에서 검출된 방사능 세슘 양은 땅속 30센티미터 토양에서 1킬로당 27만 6,000베크럴. 전문가가 아니다보니 이게 어느 정도로 위험한 수준인지 바로 와닿지는 않지만, 뉴스에 신문에 보도될 정도면 엄청 난 양의 수치였겠죠? 근처 파손된 배수로에서 새어 나온 빗물이 주변 토양으로 새어 들어가 이렇게 높은 방사선량이 측정되었던 것으로 나옵니다.

당시 이곳에서 채취한 토양에 포함되어 있던 세슘 134와 137의 비율이 후쿠시마 제1원전 폭발 사고 시 오염된 토양과 닮아 있었다고 하니 이 오염의 근원이 후쿠시마 제1원전 폭발 사고인 것이 틀림없었 습니다.

가시와시는 모든 공원과 놀이터, 유·초·중·고 운동장 등에 제염작 업을 들어갔고, 그 작업이 끝나기 전까지는 무조건 출입 금지 구역으 로 묶여 있었습니다.

제염작업이란 비가 내려서 방사능으로 오염된 토양의 겉부분을 대 략 5센티미터 정도 긁어내는 작업입니다. 아니, 가시와시가 얼마나 넓고, 공원이 몇 개고, 학교가 몇 개며, 놀이터가 몇 개인데 그 흙들 을 다 걷어낸다는 건지 했는데, 실제로 다 해냈습니다! 아니, 그럼 뭐 해요! 비 오면 또 말짱 도루묵인데 말이지요!!! 이것이야말로 보여주기 행정의 끝판왕?

그렇게 방사능을 제거한다는 제염이란 형식을 빌린 행위가 사실상 무의미하다는 것을 알면서도 시에서도 그렇고 당하는 우리 입장에 도 어쩔 도리가 없었습니다. 그래도 한 번은 걷어낸 토양 위에서 아이들이 노는 것과 먹을 것을 재배하는 것은 또 다른 의미였습니다. 보여주기 행정이라도 이렇게밖에 달리 방도가 없었을 거라고 지금은 이해가 가지요.

지역이 넓다보니 시간도 어마어마하게 걸렸습니다. 그렇게 걷어낸 흙은 검은 자루에 담겼고 그 마대는 한동안 그 작업한 공간 구석에 쌓아두었다가 다시 시가 정한 한 곳으로 이동해 자취를 감추었습니다. 원전 사고는 끝났지만 그렇게 또다시 방사능은 우리 눈앞에서 그 위력을 다시 한 번 당당히 보여주었습니다.

끝나도 끝난 게 아니라는 말은 바로 원전 사고를 뜻하는 말임을 우리는 절대적으로 새겨두어야 할 것입니다. 아무리 제염을 했다고 하지만 아직 그런 곳에서 자신의 아이들을 놀게 하고 싶지 않았던 부모들이 있었습니다. 그렇기에 한동안 놀이터와 공원은 그야말로 적막강산이었습니다.

검색해보니 2024년 말에도 가시와시는 여전히 제염작업을 시행하고 있었습니다. 정확한 이름은 '고농도방사선 확인개소(핫스팟) 제염작업(高濃度放射線確認箇所(ホットスポット)の除染作業)'. 다른 점이 있다면 지금은 맨 위 표층 흙을 걷어내 검은 마대가 아닌 방사선 오염토 전용기인 콘크리트 용기에 담아 밀폐한 후 다시 땅을 파고 묻어버린다는 것이지요. 아마 더 이상 이동할 곳도 쌓아둘 곳도 남아 있지 않을 것입니다.

마지막으로 가시와시 홈페이지에는 친절한 공지가 올라와 있었습니다.

그것은 가시와시에서 주변보다 방사선량이 높은 곳(즉, 지표에서 1미터 높이의 공간에서 방사선량이 주변마다 매시 1마이크로시버트 이상 높은 수치가 측정되는 곳)을 발견했을 경우 즉시 문부과학성에 연락해달라는 것이었습니다. 그럼 문부과학성과 함께 측정 방법과 현장 상황을 확인한 후 그 지역과 연계해 그 지역이 희망하는 대로 제염작업을 지원하겠노라고! 그곳에 평생 살 수밖에 없는 시민들을 안심시키는 내용이었습니다.

그러나 한번 핫스팟은 영원한 핫스팟임을 다시 한 번 확인할 뿐이었습니다. 방사능은 흙을 한번 걷어낸다고 해서 그렇게 쉽게 사라지지 않는다는 것을 말이지요.

제5장

동일본 대지진,
그 참혹한 현장 속으로

2011년 동일본 대지진 후, 5년 정도의 시간이 지난 뒤인 2016년 5월 골든위크 연휴 때였습니다. 동일본 대지진과 원자력 발전소가 폭발한 후쿠시마를 비롯해 미야기현, 이와테현을 응원하자는 캠페인도 있고 하니 다 같이 가족여행이나 한번 다녀오자고 남편이 제안을 해 온 겁니다.

저는 당시 여전히 방사능 문제도 찜찜하고 아이들도 어려서 더욱더 아직 가볼 때가 아닌 것 같았습니다. 하지만 차마 입 밖으로 가지 말자는 말을 꺼내지는 못했습니다. 동일본 대지진 때 남편을 놔두고 우리끼리만 한국으로 피난을 갔던 미안함이 여전히 잔뜩 남아 있는 상태였습니다. 그리고 남편의 지인이 마침 이와테현 부흥을 위해 현지에 가서 일도 하고 있던 터라 더욱더 반대하기는 어려웠습니다. 생각을 바꿔서 언젠가 저도 그 현장을 한 번쯤은 직접 제 눈으로 보고 싶었던 마음도 있던 터라 그래, 이참에 한번 가보자 싶었습니다.

우리는 신칸센을 타고 미야기현 센다이 역까지 가서 차를 렌트하기로 했습니다. 센다이 역에 도착하기 전 중간에 JR 후쿠시마 역을 지날 때였습니다. 차창 밖으로 작은 산처럼 쌓인 수많은 검은 마대자루들이 곳곳에 보였습니다. 오염된 땅을 걷어내어 담아둔 소위 제염 작업을 한 결과물들이었습니다. 게다가 아직 복구 전이라 내리는 이도 타는 이도 하나 없던 스산했던 후쿠시마 역이 여전히 가장 기억에 남습니다.

미야기현의 센다이시는 규슈의 후쿠오카시와 더불어 일본의 많은 직장인들이 은퇴 후 살고 싶어 하는 두 곳 중 한 곳으로 유명한 곳입니다. 그 명성만큼 역 앞에만 나가봐도 비싼 브랜드 상점들이 즐비하고 멋진 카페며 레스토랑들이 도쿄 못지않은 분위기로 잘 꾸며진 거리가 매우 인상적이지요. 겨울에는 눈도 많고 가까운 곳에 스키장도 있어 사시사철 즐길 수 있는 스포츠며 관광지며 맛있는 먹거리가 많아서 아주 인기가 높은 지역이라고 남편이 알려주더군요.

하지만 후쿠시마 원자력 발전소 사고 이후 방사능 누출에 관한 한국의 TV보도를 매일같이 접해온 터라 저와 아이들이 숨 쉬는 이 시간에도 방사능이 우리 몸에 쌓이고 있겠지 하는 걱정만 됐습니다. 물론 속으로만요. 안타깝게도 저 같은 사람들이 꽤 많았던 모양인지 같은 이유로 지금은 은퇴 후 살고 싶은 곳에서 센다이시는 사라지고 말았답니다.

호텔에서 묵는 동안 석식으로 해산물이 진짜 상다리가 휘어질 정도로 나왔습니다. 그런데 당시 이 지역 수산물은 방사능 문제로 전혀 안 팔리다시피 하던 때라 이걸 기뻐해야 할지 슬퍼해야 할지 참 복잡했던 심경이었습니다. 누구 하나 말은 안 하지만 현지 식자재는 분명 방사능에 오염되어 있었을 것입니다.

　하지만 그렇다고 안 먹을 수는 없고 여기 사람들도 다 먹고 사는데, 아니, 멀리 갈 필요도 없이 바로 옆 테이블에 앉은 이들도 잘만 먹고 있었거든요. 응원하자고 왔으면 그에 상응하는 행동을 해야지요. 그리고 지바현에 살 때도 뭐 늘 이쪽 지명의 원산지 농수산물들은 먹었으니 달리 선택지가 없습니다. 이번이 기회다 싶어 그냥 새우며 전복, 멍게를 맛있게 먹었습니다. 진짜 그렇게 비싼 수산물을 원 없이 먹었던 적은 그때 말고는 다시는 없었습니다.

　그런데 사람 마음이라는 게 참 신기했습니다. 그것은 마치 비 오는 날 흰옷을 입고 흙탕물이 튀지 않도록 그렇게 애쓰다 흙탕물이 한 방울 탁 튀었을 때와 같았습니다. 그렇게 애써서 가능하면 피하고 싶던 방사능 오염 지역 농산물을 대하는 제 태도에 이상 징후가 나타난 것입니다. 전에는 그렇지 않았는데 이 여행 후부터는 '어차피 먹은 거' 하면서 거부감이 덜해지고 심지어 포기가 되더라는 말이지요.

　사실 당시 제 주변에는 먹거리에 대한 대처 방법이 극과 극으로 나뉘어 있었습니다. 자포자기한 쪽과 그렇지 못한 쪽으로요. 친정이나 시댁이 간토 지방과 먼 곳에 있던 사람들은 쌀이며 각종 야채를 먼

지역에서 공수해 먹고 있었습니다. 가능하면 방사능으로 오염된 지역에서 올라오는 농수산물은 먹고 싶지 않았던 것이죠.

이런 민심을 아는 듯 TV에서는 후쿠시마산 농수산물을 먹어서 응원하자는 캠페인까지 펼치고 있었습니다. 이른바 '후쿠시마 먹어서 응원하자!(食べて応援しよう)'. 그게 바로 원전 사고 한 달여 뒤인 2011년 4월 28일부터 시작되었고 그 주체는 일본 농림수산성과 소비자청이었습니다. 일본의 규동 체인점 중 요시노야(よしのや)와 스키야(すきや)는 이미 '먹어서 응원하자' 캠페인에 참여한 게 밝혀진 상태입니다. 마쓰야(まつや)만 참여하지 않고 있는 실정이죠.

자신의 할아버지의 고향이었던 후쿠시마산 농산물을 먹으며 응원했던 일본의 국민MC 오쓰카 노리카즈 씨가 급성 림프성 백혈병 진단을 받았다는 사실과 이 캠페인에 누구보다 열심히 동원되었던 인기 그룹 가수 TOKIO 멤버였던 야마구치 다쓰야 씨가 내부피폭 판정을 받았던 것도 이미 오래된 유명한 이야기랍니다.

쓰나미 뒤 원자력 발전소가 폭발하면서 사람들 입에 더 많이 오르내리는 지역이 후쿠시마가 되었지만 사실은 쓰나미로 인한 침수 피해가 가장 컸던 지역이 바로 이 미야기현이었습니다. 무려 여의도의 67배에 해당하는 561제곱킬로미터가 쓰나미의 피해를 입어 침수되었지요. 이시노마키, 센다이, 미나미산리쿠 등등. 일본에 사는 외국인들도 다 외우고 있을 만큼 당시 큰 피해를 입은 지역들 이름이었습니다.

특히 미야기현은 연안부에 공업단지를 조성해놓고 있었는데 그나마 얼마 안 되는 제조업이 완전히 피해를 입을 수밖에 없었지요. 센다이 역에 내려 차를 렌트해 도호쿠 지방을 위로 위로 올라갈수록 직접 저희들 눈으로 접한 동일본 대지진 현장들은 가히 충격적이었습니다.

우리가 묵기로 한 미나미산리쿠 호텔 간요(觀洋)는 바로 앞에 바다를 끼고 있는 멋진 호텔이었습니다. 입지가 좋아서 지진 전부터 이 지역의 꽤 유명한 호텔로 알려져 있던 곳이었죠. 객실로 들어가니 바로 앞이 바다라 베란다에 갈매기 떼들이 찾아와 엄청나게 울어대고 있더군요. 새우깡 던져 달라고 말이지요.

호텔 내부에는 당시 쓰나미가 휩쓸고 간 모습을 기록으로 남긴 영상을 로비 한쪽에서 상연하고 있었습니다. 다른 쪽에 전시되어 있던 사진도 당시 얼마나 심각한 상황이었는지를 잊지 않고자 하는 것처럼 보였습니다. 이 호텔은 특히 바다 바로 앞에 세워져 있음에도 불구하고 지진에도 쓰나미에도 무너지지 않아서 희망의 상징이 되어 있었습니다. 또한 그 덕분에 쓰나미 후 많은 이들이 이곳에서 피난 생활을 할 수 있었다고 합니다.

체크인 카운터에서 다음 날 아침 쓰나미 피해 지역을 돌아보는 무료 안내 버스가 있다는 소식을 알려주었습니다. 그렇게 저희 가족은 다음 날 그 셔틀버스를 타고 피해 지역을 둘러보기로 했습니다.

2016년이면 동일본 대지진이 난 지 딱 5년이 흐른 시점이었습니다. 바닷가 해안에서부터 시작해 과거 무수히 많은 집과 사람이 살았던 터들은 불도저로 깨끗하게 밀어버리는 작업이 한창인 상태였습니다. 곳곳에 흙을 쌓아둔 둔턱들만 남아 있을 뿐, 여기가 마을이었다고 알려주는 지표물은 거의 남아 있지 않았습니다. 그저 그 넓이와 규모를 보면서 당시 쓰나미가 얼마나 위력적이었는지 감히 가늠만 해볼 뿐이었습니다.

경유지 중 아직 해체작업을 하지 못한 한 초등학교에 들렀을 때였습니다. 바닥에 떨어져 멈춰 서 있던 시계의 시침과 분침 2시 46분이었습니다! 지진이 찾아왔던 그때 그 시간이었습니다. 아이들은 무사히 피난을 갔을까요?

마지막으로 들렀던 곳은 쓰나미에도 유일하게 남아 있던 소방서 철제 구조물이었습니다. 이곳의 상징이 되어 TV 뉴스 화면에서도 많이 봤던 모습이었습니다. 그 앞에는 그동안 다녀간 관광객들이 가져다놓은 종이학 목걸이와 말라가는 꽃다발들이 수북하게 쌓여 있었습니다. 버스는 그곳에 멈췄고, 모두가 내려 다같이 묵념을 했던 것으로 기억합니다.

이곳에서 있었을 그날의 허망함, 놀라움, 두려움, 무서움 이런저런 감정이 뒤섞였습니다. 참, 재난 많은 나라에서 살려면 언제 어떻게 될지 모른다는 것을 늘 전제해야 하는 걸까요? 생각이 여기까지 가버리고 말았습니다.

앞으로 복구를 한다 해도 해안선에서 멀찍이 떨어진 곳에 모든 생활 터전이 다시 지어질 것이라고 했습니다. 하지만 그 모든 것이 지어질 때까지 걸릴 시간은 얼마이며, 또 설사 다 지어진다 할지라도 모든 산업과 일자리, 그리고 모두가 떠나버린 그곳으로 사람들이 다시 되돌아올지는 의문이었습니다.

지금 와서 생각해보면 그때 그렇게 용기를 내서 가보기를 참 잘했다는 생각이 듭니다. 그때는 5년밖에 안 돼서 위험하지 않나 싶었지만 아직 채 5년밖에 되지 않았을 때의 미나미산리쿠의 모습을 봐둘 수 있었던 것은 아무나 할 수 있는 경험이 아니었던 것만은 확실합니다.

아직은 상점가라고 부르기도 민망했던 새로 지어진 산산도오리를 걸으며 다시 한 번 부흥하기 위한 그곳의 초창기 노력을 직접 제 눈으로 볼 수 있었습니다. 그래서인지 집으로 돌아와서도 TV에 그곳의 모습이 나오면 반갑기까지 했습니다.

저는 일본에 살면서도 어렸을 적 받았던 반일교육 때문에 일본에 대한 보이지 않는 적대감이 있던 것도 사실이었습니다. 하지만 재해 현장을 직접 보고 온 후부터는 결국 사람 사는 곳은 다 똑같다는 걸 느꼈다고 해야 할까요? 재해 앞에서 느끼는 절망감, 먹먹함을 경험한 뒤부터는 그들에게 조금은 위로를 건네고 싶은 마음이 들었습니다. 한일 간이라는 걸 떠나서 인간으로서 가질 수밖에 없는 감정적인 부분을 일깨워주었기 때문입니다.

제6장

한 놈만 팬다!
쌍으로 덮치는 자연재해

(feat. 노토반도 지진)

2024년 1월 1일. 오랜만에 시댁을 찾았습니다.

코로나 시국이 시작되고 여차저차 코로나 진정되면 보자고 한 뒤 무려 5년이란 세월이 훌쩍 지나가 있었습니다.

제 시댁이자 남편이 태어나고 자란 고향은 도쿄와 머리를 맞대고 있는 지바현 가시와시입니다. 도쿄 역까지 급행을 타면 35분 정도밖에 걸리지 않는 곳이라 도쿄로 출퇴근하거나 통학하는 사람들이 많아서 면적 대비 많은 인구가 살고 있답니다(2024년 11월 기준 43만 6,438명/면적은 114.74제곱킬로미터. 참고로 현재 살고 있는 중부 지방 기후현 기후시 인구는 39만 9,453명/면적은 203.60제곱킬로미터). 당연히 출퇴근 시간엔 만원 전철이 되죠. 병원도 식당도 하물며 유치원을 보내려 해도 번호표를 받지 않으면 절대 한번에 볼일을 볼 수 없는 인구 과밀 지역입니다.

오랜만에 다 같이 만난 만큼 새해 아침에는 오세치 요리(우리의 떡국에 해당하는 설 요리)를 먹고 밀린 이야기도 나누고 아이들 세뱃돈도

받고 아주 평화로운 아침을 보냈습니다. 좀 쉬었다가 오후에는 다같이 이날의 하이라이트인 하쓰모데를 가기로 했지요.

하쓰모데는 가까운 신사나 절에 가서 한 해 소망을 비는 것인데, 추워도 꽤 가볼 만하답니다. 볼거리가 많거든요. 한 해의 시작에 맞게 부푼 모습들 하며, 큰 축제나 행사 때면 볼 수 있는 각종 포장마차들. 한 해 운을 점쳐보는 오미쿠지를 뽑는 사람들. 일본에 산다면 만날 수 있는 설날의 너무도 당연한 모습들이었습니다.

평온한 새해 첫날 상황이 급변하기 시작한 건, 오후 4시가 넘어갈 무렵이었습니다. 저녁은 돌아오는 길 슈퍼마켓에 들러 간단히 장을 봐서 먹기로 했습니다. 차를 세우고 시댁 근처 슈퍼마켓에 들어가 장바구니를 들고 장을 보려고 몇 보 채 걷지도 않았을 때였습니다.

「地震です！地震です！」

(경보음)

"지진입니다! 지진!"

일본의 지진 경보음

이 알람을 한번이라도 들어보신 분들은 알 겁니다.
사람들에게 강한 긴장감과 약간의 짜증을 주도록 설계되었다는 지진 속보 경보음이 갑자기 울려대기 시작하는 겁니다. 같은 시간 같은 마트 안에서 같이 장을 보고 있던 사람들의 스마트폰에서 일제히 쩌렁쩌렁 울려대는 경보음 메아리들!

무서움에 앞서 놀라움을 안겨주기에 충분했습니다. 마치 재난영화라도 찍고 있는 듯, 감독이 컷을 외칠 때까지 계속 울려댈 것만 같던 그 날 선 경보음. 진동으로 해둬도 소용없습니다. 갑자기 국가가 일방적으로 보내준 지진 속보 경보음은 그 어떤 상황에서도 진동을 해제하고 가장 큰 음성으로 가장 무섭게 들리도록 되어 있기 때문이죠.

처음엔 이게 무슨 일인가 했답니다. 왜냐하면 알람이 울렸을 때 우리가 있던 지바현 가시와시는 그렇게까지 흔들리고 있지는 않았었거든요. 그런데 어디서 뭐가 왔길래 이런 경보를 내보내고 있단 말인가? 어딘가에서 또 큰일이 난 건가? 아아, 머릿속에서 커져만 가는 이 불안감. 하지만 멈춰서 한참을 기다려봐도 저희가 있던 곳은 별 흔들림이 없었습니다. 생각보다 안전하다고 판단한 우리는 그대로 보던 장을 다 봐서 집으로 향했습니다.

서둘러 운전해 시댁으로 돌아와 텔레비전을 켰습니다. 제가 살고 있던 기후현과 더 가까운 이시카와현 노토반도라는 곳에서 발생한 지진 경보였습니다. 규모 7.6의 강진. 셉니다! 게다가 지진 발생 시간도 오후 4시 10분. 규모도 규모였지만, 발생 시간과 설날이었다는 게 더 큰 문제였습니다. 아니, 무슨 재난영화 시나리오를 쓰더라도 이렇게까지는 안 쓰지 않을까요? 새해 벽두부터!

결국 이날은 47개 도도부현이 있는 일본에서 무려 18개 도도부현에 긴급 지진 속보가 송출된 역사적인 날로 기록되고 맙니다.

그러나 그 기록도 잠시. 같은 지역에서 6월 3일 발생한 규모 5.9의 여진이 온 날은 개수가 늘어 26개 도도부현에 긴급 지진 속보를 송출하며 자가 타이틀은 다시 깨지고 말았다고 하네요.

새해 첫날인 2024년 1월 1일 오후 4시 10분은 많은 이들이 절이나 신사를 찾아 밖에 나와 있을 시간이었습니다. 저희도 그랬으니까요. 오래 지속되던 코로나가 안정된 후 맞이한 설이라 저희처럼 가족이나 친지들을 찾은 사람들이 많은 시기이기도 했습니다. 즉, 많은 이들이 자기가 살던 곳에서 이동해 타지에 머물러 있던 이가 1년 중 가장 많은 시기였던 겁니다. 그러니까 **이건 이시카와현 노토반도에서 살고 있던 사람들만의 문제가 아니게 된 겁니다.**

이렇게 지진은 발생 시간대와 발생 일자, 요일에 따라 그 피해 규모가 전혀 달라집니다. 아니나 다를까. 겨울방학 끝나고 바로 기말고사라 공부하겠다고 해서 집에 두고 온 두 녀석에게 "엄마, 방금 지진 진짜 너무 컸어~ 빨리 돌아와줘! 무서워!"라는 문자가 도착합니다. 멀리 떨어진(476킬로미터) 이곳 지바현 가시와시에서도 이렇게 난리니 287킬로미터 떨어진 기후현에서 받았을 충격은 더욱더 강력했을 것은

일본 행정구역 47개 도도부현

홋카이도 지방

1 홋카이도

도호쿠 지방

2 아오모리
3 이와테
4 미야기
5 아키타
6 야마가타
7 후쿠시마

간토 지방

8 이바라키
9 도치기
10 군마
11 사이타마
12 지바
13 도쿄
14 가나가와

주부 지방

15 니가타
16 도야마
17 이시카와
18 후쿠이
19 야마나시
20 나가노
21 기후
22 시즈오카
23 아이치

규슈 지방

40 후쿠오카
41 사가
42 나가사키
43 구마모토
44 오이타
45 미야자키
46 가고시마
47 오키나와

시고쿠 지방

36 도쿠시마
37 가가와
38 에히메
39 고치

주고쿠 지방

31 돗토리
32 시마네
33 오카야마
34 히로시마
35 야마구치

간사이 지방

24 미에
25 시가
26 교토
27 오사카
28 나라
29 와카야마

일본을 아는 첫 번째 지름길은 지역별로 구분하는 것이다. 정확한 지명은 몰라도 도호쿠 지방이라면 일본의 위쪽, 시코쿠 지방은 열도의 아래쪽, 간토 지방은 도쿄가 있는 곳. 이렇게 지역을 크게 보고 들어가는 연습을 하면, 일본의 다양한 특징을 파악할 수 있는 토대가 된다.

일본을 지방별로 크게 나눌 수 있게 되었다면 이제부터 47개 행정구역인 도도부현의 정확한 지명을 파악해보자. 특히 이때 그 현이 어느 지방에 들어가는지를 알아가는 것도 소소한 재미이다.

불을 보듯 뻔했습니다.

결국 집으로 돌아가는 일정을 앞당길 수밖에 없었습니다.

우리는 새해 첫날 밤이면, EBS 같은 교육방송에서 중계해주는 오스트리아 빈에서 열리는 빈 필하모닉 신년 콘서트를 보며 새해 첫날을 마무리하는 게 연례행사였습니다. 그러나 2024년 1월 1일은 오후 4시 10분 이후 모든 정규방송 프로그램은 중단됐고 임시로 편성된 긴급 지진 속보 방송으로 바뀌어버렸습니다.

결국 빈 필하모닉 신년 콘서트는 지진의 여파가 좀 가라앉은 뒤인 1월 6일 토요일 오후가 되어서야 겨우 방송되었지만 이미 볼 마음은 진작 사라진 뒤였습니다.

작년 한 해 가장 불운한 지역을 꼽으라면 바로 이 이시카와현 노토반도가 아닐까 싶습니다.

노토반도는 우리와 동해를 공유하고 있는 일본 지도 정중앙 위쪽으로 제일 뾰족하게 튀어나와 있는 반도입니다. 설날 오후 지진만으로도 충분히 마을이 전부 파괴되고 사망자가 속출하고 피난민이 대량 발생했지만, 같은 해 여름, 정확하게 9월 21일 태풍의 영향으로 집중호우(정확히는 게릴라성 호우)의 직격을 받습니다. 마치 이 노토반도를 지도상에서 아예 없애버리기라도 하겠다는 듯한 기세였죠.

새해 때 발생한 지진에서 겨우 정신 차리고 치운 집들이 이제 좀 살 만하니 다시 침수가 되고 맙니다. 지진 때 집이 무너져 아무것도 남지 않은 사람들은 현이 마련해준 가설주택에 입주해 그제야 편하게 집에서 두 다리 뻗고 사나보나 했을 때였습니다. 그런데 그 가설주택 집들이 거짓말처럼 침수해버리고 만 겁니다. '엎친 데 겹친 격'이란 말, '한 놈만 팬다'란 말이 이처럼 잘 들어맞는 경우를 저는 이전에도 보지 못했고 이후에도 아마 보지 못할 것입니다.

사실 지진이 발생한 노토반도는 최근 들어 유달리 지진 소식이 좀 잦던 지역이긴 했습니다. 큰 지진 발생 없이 소규모의 지진이 몇 개월에 걸쳐 일어나는 군발지진 지역이었거든요.

처음 일본으로 건너왔을 때 전 지진이 아예 안 오는 게 좋은 줄 알았답니다. 그런데 알고 보니 작은 지진들이 적당히 와줘야 그 에너지가 조금씩이라도 방출된다고 하더군요. 방출되지 못한 에너지가 많이 쌓이지 않아야 큰 지진으로 가는 것을 오히려 막아주는데, 노토반도 지진을 보면 그것도 다 틀린 말 아니었나 싶습니다.

노토반도는 2018년부터 지각 활동이 활발해지는 것으로 조사되며, 2023년 5월에 이미 규모 6.5의 강진이 발생해 주택이 붕괴되는 일이 있었던 지역이었습니다. 그런데 잦은 지진으로 말미암아 잠잠해지기는커녕, 지금껏 왔던 그 어떤 지진보다 큰 가장 강력한 지진으로 지역을 거의 전멸시켜버린 겁니다. 동일본 대지진도 여진으로 찾아온 지진이 더 강력했던 것과 비슷한 맥락이랄까요?

예전에는 뒤에 산이 있고 앞에 바다나 강이 내려다보이는 곳에서 한번은 살아보는 게 로망이었습니다. 그런데 지금은 절대 아니랍니다. 오히려 그런 곳에 자리한 집이나 건물을 보면, '아니, 쓰나미가 오면 어쩌려고, 산사태 오면 한 방인데! 어쩌자고 저런 곳에 집을 짓고 살아!' 이런 아찔한 생각밖에 들지 않는답니다.

그렇습니다. 지진도 무섭지만, 지진 이후 몰려드는 쓰나미 또한 모든 것을 흔적도 없이 부수고 가져가버리는 그야말로 지진도 울리고 갈 강력한 녀석이기 때문입니다.

제7장

지진 후 몰려드는
쓰나미의 위력

2011년 3월 11일 대형 쓰나미가 동일본 지역을 휩쓸고 지나간 뒤 작지만 바뀐 것이 하나 있습니다. 바로 TV에서 쓰나미 화면을 송출하기 전에는 항상 '배려 메시지'를 먼저 내보내고 있다는 것이지요. 그만큼 당시 쓰나미를 직접 겪은 사람들도, 그리고 그 장면을 TV 화면 너머로 보고 있던 많은 이들도 그날의 쓰나미는 크나큰 트라우마를 안겨주기에 충분했습니다.

「これから津波の映像が流れます。ストレスを感じたら視聴をお控え下さい。」
"잠시 후 쓰나미 관련 영상이 방송됩니다. 스트레스를 받으실 경우 시청을 삼가주시기 바랍니다."

커다란 집 한 채쯤이야 가뿐하게 통째로 들어올려버렸던 천하장사 쓰나미. 어디 집뿐입니까! 자동차, 버스, 트럭, 배도 거뜬히 들어올려

술술 육지로 끌고 올라오던 모습. 그리고 그 모든 것을 모으고 모아 도미노처럼 그 일대를 싹 밀어버리던 쓰나미! 제1파, 제2파, 제3파! 여진처럼 계속해서 찾아왔던 그날의 **대.형.쓰.나.미.** 그래놓고선 언제 그랬냐는 듯 조용히 먼 바다로 흔적도 없이 많은 것들을 끌고 사라져버렸던 당시의 대형 쓰나미. 아무도 태평양 그 넓은 바다에서 그렇게 어마어마한 크기의 쓰나미가 일어날 거라고는 예상하지 못했던 겁니다.

처음에는 3미터, 6미터 정도로 쓰나미 높이를 예측해 내보냈던 기상청은 서둘러 10미터가 넘는 대형 쓰나미가 발생할 거라고 다시 방송을 내보냈지만 때는 이미 늦었습니다. 그땐 이미 많은 곳이 대형 쓰나미의 직격탄을 맞고 있던 상태였거든요.

이 경험은 쓰나미의 규모를 예측할 수 있다는 일본 기상청의 자신감에 경종을 울리게 됩니다. 그동안 쓰나미의 규모를 예측해 세워둔 방파제 또한 많은 걸림돌이 됩니다. 6미터의 방파제는 쓰나미를 막기엔 역부족이었고, 오히려 방해가 되었습니다. 방파제를 넘어서 들어왔던 쓰나미가 이번엔 그 방파제 때문에 바다로 돌아가지 못해 이후 밀려오는 쓰나미의 규모를 키운 결과가 되었거든요.

또한 사람들의 경험치에 이렇게까지 무서웠던 쓰나미에 관한 정보가 없었다는 점도 피해를 크게 키운 요인 중 하나였습니다. 많은 화면 속 쓰나미는 처음에는 살살살 하고 밀려드는 모습이었습니다. 처음 보는 칠흑같이 검은 흙탕물을 보고 어찌해야 하나 고민하는 사이,

많은 사람이 운전대 방향을 돌리려던 사이, 삽시간에 살아 있는 모든 목숨을 앗아가고 살고 있던 터전을 흔적도 없이 다 가져가버렸죠. 그 모습들이 지금도 선명합니다. 그때부터 쓰나미가 나오는 장면은 차마 볼 수가 없어진 사람들이 늘어난 것은 당연하지 않을까요.

사실 쓰나미는 '지진 해일'을 뜻하는 일본어입니다. 해일은 지진, 폭풍, 화산 활동, 빙하의 붕괴 등에 의해 생길 수 있는데 그중에서도 특히 지진에 의해 발생된 지진 해일을 쓰나미라고 부릅니다. 해안을 의미하는 진津이란 한자를 일본어로는 '쓰tsu'로 읽고, 파도(波)의 일본어음 '나미nami'를 합쳐서 읽은 게 이 쓰나미라는 단어입니다.

지금은 쓰나미 자체가 국제용어로 공식 채택되어 우리에게도 많이 귀에 익은 단어가 된 상태입니다. 지진이 와서 천지가 개벽하는 것처럼 흔들흔들하는 것도 무서워 죽겠는데, 흔들림이 가라앉자마자 쉴 틈 없이 바로 찾아왔던 쓰나미의 엄습. 뛰는 놈 위에 나는 놈! 세상에 그런 놈이 있다면 바로 쓰나미가 그놈이겠구나 싶었습니다.

그런데 이렇게 TV로만 봤던 것이 실제로 자기 앞에 닥쳐왔을 때 우리는 재빨리 도망칠 수 있을까요? 저도 지금 마음 같아서는 걸음 아 날 살려라 하면서 젖 먹던 힘까지 다해 울며불며 도망갈 것입니다. 지금의 저는 동일본 대지진 당시 쓰나미에 관한 정보를 충분히, 아 니, 과할 정도로 학습한 상태이기 때문입니다. 저뿐만 아니라 일본의 많은 사람들이 동일본 대지진 쓰나미 영상을 본 덕분에 쓰나미의 위력과 위험을 머리 깊숙이 학습한 상태인 것은 제가 보장합니다. 그래서 일단 바닷가에 인접한 지역에 살고 있다면 쓰나미가 오지 않더라도 반드시 고지대로 도망가야 한다는 사실을 인지하고 있죠.

당시 많이 안타까웠던 뉴스 중에 마을이 몰살된 경우가 있었습니다. 그 이유는 바닷가에 조성된 방풍림 소나무숲 때문이었는데요. 평소에는 바닷바람을 막아주던 고마운 그 방풍숲이 바다를 가려 마을 사람 누구 하나 쓰나미가 몰려오는 것을 보지 못하고 만 것입니다.

그러니 바닷가 근처에 있을 때 경계경보가 발령되면, 아니, 발령되기 전이라도 반드시 고지대로 피난을 가야 합니다. 쓰나미 앞에서는 삼십육계 줄행랑만이 살아남을 수 있는 유일한 방법입니다.

하지만 안타깝게도 주변에 쓰나미가 덮친 높이보다 큰 야산이나 건물이 없다면 우리의 안전을 보장할 수 없습니다. 제가 지금 사는 아파트는 13층인데요. 지진 때문에 위험하지 않을까 걱정하다가도 쓰나미를 생각하면 그래, 13층 정도는 살아야 안전하지, 이렇게 맘이 오락가락하고 있답니다.

혹시나 동일본 대지진이 일어난 지역을 앞으로 여행하게 되신다면 찾아보세요. 가끔씩 높은 건물에 뜬금없이 숫자가 쓰여 있는 모습이 보일 것입니다. 그것은 과거 쓰나미가 도달했던 높이를 남겨둔 기록임을 알게 되면 그 높이에 입이 다물어지지 않을지도 모릅니다.

쓰나미 발생 과정

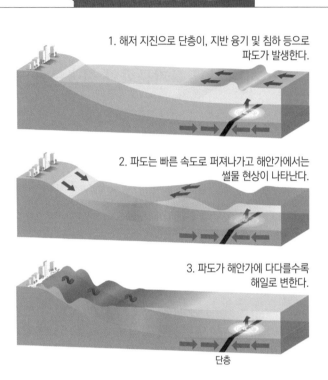

1. 해저 지진으로 단층이, 지반 융기 및 침하 등으로 파도가 발생한다.

2. 파도는 빠른 속도로 퍼져나가고 해안가에서는 썰물 현상이 나타난다.

3. 파도가 해안가에 다다를수록 해일로 변한다.

단층

쓰나미가 생기는 이유

먼저 지진이 해저 지각에서 발생하면 단층이 생겨 지각의 높이가 달라진다. 자연스럽게 지각 위에 있던 바닷물에도 굴곡이 생겨 해수면 높이도 달라진다. 이때 달라진 해수면의 높이는 다시 같아지려는 성질이 있어 상하 방향으로 출렁거린다. 이렇게 생기는 해수의 움직임은 반복적으로 전달되는데 이것이 바로 지진 해일, 즉 쓰나미이다. 쓰나미의 주기는 짧게는 몇 분에서 길게는 몇십 분이며, 파장은 수백 킬로미터에 이르기도 한다.

제8장

울지 않고 보태지 않는다?
한일 서로 다른 울기문화와 성금문화

일본에서 오랫동안 살다보니 자연스럽게 한국과 일본이 다른 것을 느끼는 지점이 또 하나 있습니다. 바로 재난이 닥쳤을 때 보이는 '울기문화'와 '성금문화'인데요.

우리는 나고 자란 한국에서 수없이 봐온 장면들이 있습니다. 비피해, 태풍피해. 수확을 앞두고 물에 잠긴 논이며 밭, 과수원 앞에서, 지하 셋방 안까지 들어찬 빗물 앞에서 목놓아 꺼이꺼이 울던 사람들의 모습들 말이지요. 재난이 훑고 간 이후 그 모습은 항상 TV를 통해 송출되었고, 그럼 우리는 고사리손까지 모두 나서 누구나 할 것 없이 성금을 모으고 서로 도우며 자랐습니다. 너무나 자연스러워서 한국을 떠나 살기 전까지 단 한 번도 이상하다 여긴 적이 없었습니다. 대상을 고르지 않고 찾아오는 재난 앞에서 유일하게 인간으로서 할 수 있는 최소한의 도의였을 테니까 말이죠.

그런 어찌할 수 없는 재난 앞에서, 대자연의 거대한 소용돌이 앞에서 인간이 느끼는 감정이 일본인이라고 해서 다르지는 않을 것입니다.

무서울 것이고, 두려울 것이며, 당하고 나면 막막하고 서럽고 왜 이런 일이 나에게 닥쳤는지 당연히 의문이 들 것입니다. 그런데 재난이 닥친 이후 반응하는 태도가 판이하게 다른 것이 한국과 일본이라는 것을 살면서 알게 되었습니다.

우리가 재난 앞에서 느낀 본연의 두려움과 막막함, 그리고 처량함을 있는 그대로, 느끼는 그대로 보여주고 보는 데 익숙하다면, 일본에서는 그 모든 감정이 그저 담담히 기술만 될 뿐, 화면을 통해 엉엉 우는 모습을 보기란 하늘의 별 따기와 견주어도 좋을 만큼 아주 극히 드물다는 것입니다. 마음속에 무엇이 작용하고 있는 것일까요? 일본인이라면 누구나 장착하고 산다는 그 혼네(本音)와 다테마에(建前)(속마음과 겉마음)? 아니면 이것이야말로 섬나라 근성? 절체절명의 위기 앞에서 그건 아닐 겁니다.

재해가 많기로 치자면 단연 일본이 우위를 차지합니다. 그러니 우리보다 울 일이, 가슴 치며 한탄할 일이 많으면 많았지 적지는 않을 거란 말입니다. 오히려 너무 많아서 이렇게 된 것일까요? 늘 당하고 살았지만 울어봤자 달리 바뀌지 않는다는 것을 어릴 때부터 자연스럽게 체득하고 자라는 것일까요?

언제 꺼내도 가슴 아픈 기억이지만, 2014년 우리의 세월호 사건이 일어났을 때, 한 주간지에 흥미로운 기사가 났던 것을 기억하고 있습니다. 바로 '泣かない日本人に驚く韓国人', 즉 '울지 않는 일본인을

보고 놀라는 한국인'이라는 기사였습니다.

왜냐하면 당시 세월호 사건 때 보도되던 모습들은 또 다른 면에서 화제가 됐거든요. 아무 대처도 하지 못한 정부를 향해, 대통령을 향해 대성통곡하고 내쏟던 분노와 절망과 울분이 담긴 많은 모습은 일본인 입장에서는 반대로 상당한 충격이었기 때문입니다. 그러나 일본에서 20년 살아본 결과 솔직히 말하자면, 일본인들은 우리가 TV에서 봤던 울부짖음을 절대로 할 수 없을 것입니다.

2011년 동일본 대지진 때도 TV를 통해 제가 볼 수 있었던 것은 피해자와 유족들이 애통한 심정을 억누르는 모습이나, 불평 하나 없이 참아내는 모습들뿐이었습니다. 그래서 기억합니다. 그때도 남편에게, "아니, 어떻게 저런 상황에서 울지도 않고 저렇게 저런 수준의 어조로 말할 수 있는 거지?"라며 기이해했던 것을 말이죠.

"그러게. 한국 같았으면 '아이고~ 아이고~' 해야 하는데 말이야. 그치?"

한국 사람을 그래도 잘 아는 편인 남편이 답합니다.

진짜 우리 같았으면 누구 할 것 없이 바닥에 주저앉아, 손을 내리치며 대성통곡을 해도 이상하지 않을 만큼 정말 무섭고도 억울하고도 애통한 장면이었거든요.

절대 비교가 되어서는 안 되는 부분이지만, 너무도 극명해서 자연스럽게 비교가 되고 마는 두 나라의 차이. 일본은 이런 사태를 당했을 때도 '감정을 억누르고 다부지게 행동하는 기조니후루마우(気丈

に振る舞う)가 미덕시되기 때문'이라는 내용이 2014년 5월 9일 「주간 포스트」에 올라와 있던 기사의 요점이었습니다.

결코 좋고 나쁘고의 이야기가 아닌 두 나라 사이의 문화적 차이가 가장 상징적으로 나타나고 있는 부분이 아닐까 싶었습니다. 왜냐하면 살아보면 살아볼수록 일본에서는 어떠한 상황이 찾아오더라도 자기를 잘 제어해서 남들이 보는 앞에서는 절대로 흐트러지지 않아야 좋은 모습으로 보인다는 것을 알 수 있거든요. 울어도 해결되지 않았던 수많은 자연재해의 경험치가 대대손손 누적되어 DNA에 새겨진 것이 아닐까 헤아려보기만 한답니다.

성금 또한 마찬가지이지요.

일본에 20년을 살고 있는데도 재난이 닥친 후, 태풍이 휩쓸고 지나간 후 아무리 기다려봐도 우리처럼 긴 줄이 늘어선 성금 모금방송을 본 적이 단 한 번도 없습니다. 고사리 같은 손을 한 어떤 어린이가 꼬박꼬박 저금했다던 빨간 돼지 저금통을 그대로 들고 나와 성금통에 집어넣으며 시청자들에게 감동을 주는 장면 또한 없습니다.

그저 후원을 하고 싶으시다면 조용히 쥐도 새도 모르게, 오른손이 한 일을 왼손이 모르게 하라는 말이 떠오를 정도로 어쩌다 자막으로 뜨는 계좌번호를 구경할 수는 있지만요. 그렇다고 일본에서 모금문화가 아주 없는 것도 아닙니다.

지난번에도 노토반도에서 대형 지진이 일어난 후 그 지역이 완전히 초토화된 것을 돕자며, 인접한 지역에 사는 고등학생들이 역에서 모금활동을 하면 그날 밤, 그 지역 메인 뉴스에 등장할 정도로 관심을 보입니다. 그러나 그것은 어디까지나 개개인의 선행을 보도하는 것으로 그치지요. 방송국이 다 같이 나서서, 모든 연예인들이 총동원되고 집에 모셔둔 금가락지 은가락지 들고 나와 척 하고 투척하는 장면을 바라는 건, 제가 아직도 여기서 산 세월보다 나고 자란 한국에서의 시간이 더 길기 때문일 것이라고 느낍니다.

아마도 그 시간이 역전되고 나면 언젠가 제 눈에도 우리가 그랬던 것들이 어색해 보이고, 당연히 절제하고 드러내지 않는 감정 상태를 공유하게 되는 날이 올지도 모릅니다.

제9장

기상청의 임시정보 첫 발표의 위력과 후유증

(feat. 미야자키현 지진)

일본 전역을 돌며 여기저기 치고 빠지기를 거듭하던 지진은 이번엔 미야자키현에서 6.9의 규모로 다시 그 모습을 드러냈습니다. 2024년 8월 8일 오후 4시 43분.

일단 일본 중부 지방에 사는 사람의 감각으로 보자면 미야자키현, 즉, 본토에 살면서 저 멀리 떨어진 규슈 지역에서 발생한 지진은 그저 TV 속 자막으로만 지나가는 지진 속보에 불과할 뿐입니다. 마치 서울 살고 있는데 제주도 이야기를 듣는 격이지요. 자신이 사는 곳에서는 전혀 흔들림도 감지하지 못하기 때문에 나와는 전혀 상관없고 필요 없는 하나의 정보에 불과하죠.

하지만 대규모 지진이었던 만큼 일본 정부는 총리관저 위기관리 센터에 관리대책실을 설치합니다. 그리고 당시 관방장관이었던 하야시 요시마사 장관은 기자회견에서 규슈전력 가와우치 원전을 비롯한 원자력 시설에서 당시 이상은 감지되지 않았다고 발표합니다. 사실 이런 발표는 지진의 규모가 좀 클 경우 늘 행해지는 정례 브리핑입니다. 물론 거기엔 동일본 대지진 시 후쿠시마 제1원전의 폭발로 쌓여 있는 원자력 발전소의 안전 여부에 관한 일본 국민의 불안감을 얼른 해소하겠다는 의도도 분명 들어 있을 것입니다.

그런데 이번엔 다른 점이 하나 발생했습니다. 바로 일본 기상청이 이 날 연 기자회견에서 난카이 해곡 거대 지진 **임시정보를 발표**한 것입니다. 임시정보란 난카이 해곡 거대 지진 발생 예상 상정 지역에 규모 6.8 이상의 지진 같은 이상 현상을 관측했을 경우 5분~30분 뒤 발표되는 것을 말합니다. 기상청의 임시정보가 발표되면 즉시 '난카이 해곡 연안 지진에 관한 검토회'가 열리며 지진 발생부터 최소 두 시간 이후 조사 결과를 발표하게 되어 있다고 합니다. 이때 만약 거대 지진 발생 가능성이 커졌다고 판단되면, '거대 지진 경계'나 '거대 지진 주의'로 바꾸어 발표하게 됩니다. 그러나 만약 거대 지진 발생 가능성이 크지 않다고 판단되면 임시정보는 '조사 종료'를 발표하게 됩니다. 이날 발령된 것은 거대 지진 주의보!

8월 8일 미야자키현에서 발생한 규모 6.9의 지진이 난카이 해곡 거대 지진과 관련돼 있는지 조사하겠다고 밝힌 것까지는 좋았는데, **일본 기상청이 생긴 이래** 난카이 해곡 거대 지진에 관한 임시정보를 발표한 것은 이번이 **처음이라는 것**이 문제를 일으켰을 것입니다. 이후

8월 15일 오후 5시를 기해 마쓰무라 요시후미 방재 담당 대신이 '난카이 해곡 대지진 주의보'를 종료한다고 밝힐 때까지 걸렸던 두 주 동안 뭔가 불안했던 사회 분위기를 기억합니다.

그리고 거짓말처럼 경제대국 일본 전역의 쌀이 동이 나버렸습니다. 한동안 정말 돈이 있어도 쌀을 살 수가 없었답니다. 햅쌀이 나오기 시작한 10월 말, 11월 초까지 말이죠. 아니, 이게 무슨 시대착오적인 현상이란 말이지요? 점점 쌀은 떨어져가는데 살 수 없는 그 현실이 얼마나 기가 막혔는지 당해보면 안답니다.

일본인 모두가 만나면 "남은 쌀이 얼마나 되나요?"하며 안부를 물었습니다. 햅쌀이 판매될 때까지 쌀 사정을 걱정해야 했던, 약 두 달 동안의 시간. 지금 다시 생각해보면 처음 임시정보 발표를 받아든 일본 국민 역시 불안했던 것입니다.

물론 TV 속에서는 갑자기 늘어난 외국인 여행자들이 밥을 너무 많이 먹어서 쌀이 떨어졌다고 했지만 그것은 절대 이유가 될 수 없다는 사실을 일반적인 상식이 있는 사람이라면 알고 있었을 것입니다. 그리고 자칫 잘못하면 외국인 혐오 발언으로 오해할 수 있는 위험한 멘트 아닌가요?

아무튼 이번 임시정보는 많은 일본 사람들에게 '아니, 얼마나 심각하면?', '혹시 가까운 시일 안에 언젠가 찾아온다는 그 강력한 지진이 이번에 드디어?'라고 생각했을지도 모릅니다. 당장 내일이라도 터질지 모를 상황이라고 생각하면 쌀이 뭡니까! 더한 거라도 사둬야겠지요. 이렇게 불안은 커지고 또 커지고, 커질 대로 커져서 온 국민이 있는 대로 쌀을 사두는 행동으로 번지기 시작했던 겁니다.

8월 8일 미야자키현 지진 당시 기록을 찾아보면 미야자키현 니치난시의 진도 6약부터 그 밑에 자리한 가고시마시 등지에서 5약을 기록한 것으로 나옵니다. 지진이 진도 5 이상을 넘어가면 꽤 체감도가 센 지진이라고 생각하시면 됩니다.

게다가 미야자키현과 바다를 보고 마주한 고치현, 에히메현과, 미야자키현 위아래로 위치한 오이타현, 가고시마현에서는 쓰나미 주의보가 발령됩니다. 예상됐던 쓰나미의 높이는 고치현과 미야자키현에서 최대 1미터, 와카야마현과 히로시마현에서는 20센티미터로 그쳤지만, 미야자키시의 미야자키 항구에서는 50센티미터의 쓰나미가 관측되기도 합니다. 높이 50센티미터 쓰나미라고 하면 낮아 보이지만 실은 서 있는 성인을 그대로 넘어뜨릴 수 있는 위력을 가지고 있기 때문에 즉시 도망가야 한다고 알려진 높이이기도 하지요.

이렇게 일본 기상청이 과할 정도로 반응하는 건 다 과거의 경험을 바탕으로 합니다. 원래 난카이 해곡 진원지 한 곳에서 대지진이 발생하면 다른 한쪽에서도 일주일 이내 대지진이 발생했다는 역사적 기록이 있습니다. 만약 다음번에 혹시나 거대 지진 경계가 발령되면 지자체는 바로바로 피난이 어려운 연로한 지역 주민들에게는 경계경보

발령 동안에는 피난소로 피난을 하도록 피난 권고를 발령하게 되어 있습니다.

왜냐하면 이런 연속적인 대지진이 발생할 경우, 현재 예상되는 희생자 수만 하더라도 약 30만 명 가까이 되기 때문입니다. 그 피해자 수를 조금이라도 줄일 수 있다면 그 어떤 노력이라도 해야 하는 것이 일본 정부의 입장일 것입니다.

상정된 피난 기간은 약 일주일. 일주일이 짧은 시간이 아닌 게, 오지 않을 대지진을 기다리며 불안에 떨며 아무것도 할 수 없다고 생각해보시면 이해하실 테죠. 만약 일주일이 지나도 지진이 발생하지 않는다면 귀가하도록 되어 있다고 합니다. 물론 예보가 안 맞는 것은 다행이지만, 기상청은 그다음주까지는 평상시보다 높은 경계를 해야 한다고 알리고 있답니다.

참고로 저희 집은 2011년 동일본 대지진 때도 쌀로 한번 고생을 한 적이 있었답니다. 거짓말 안 보태고 지진이 발생한 그 주로 그만 쌀이 뚝 떨어져버린 겁니다. 지진 바로 다음 날 아침 문 열자마자 마트로 달려갔으나 이미 쌀은 동이 난 상태였죠. 빵이 없으면 케이크를 먹으면 되지 않느냐고 마리 앙투아네트가 말했다고 잘못 전해진 망언처럼, 쌀이 없어서 국수를 먹고 살아야 할 판이었습니다. 물론 국수도 이미 동이 난 상태였고요.

다행히 며칠 이내로 중국으로 발령을 받아 해외발령을 가게 된 옆

집에서 선뜻 내준 쌀로 다시 밥을 먹고 살 수 있게 되었지만요. 사실 당시 전 쌀을 얻을 수 있다는 사실보다 그 집이 일본을 떠나 중국으로 나간다는 사실이 더 부러웠습니다만.

이후 저희 집에서는 많을 때는 60킬로그램, 없어도 늘 30킬로그램 정도의 쌀은 항상 비축해놓는 것이 습관이 되었답니다. 그래서 2024년 쌀 파동 때에도 그리 큰 영향을 받지는 않았더랬지요. 오히려 나눠줄 수도 있을 정도가 되니까 맘의 여유가 달라지더군요.

그러니 평소에도 돈 되고 시간 되면 여전히 쌀을 사둔다는 슬픈 소비 습관을 가지게 되었답니다.

제10장

아파트! 아파트!
일본의 아파트

동일본 대지진이 왔을 때 이 세상 끝을 경험한 사람들이 있었다는 소문이 돌았습니다.

지진 당시 도쿄타워 전망대 위에 있었거나, 당시 아직 완공되지 않은 스카이트리에서 공사하던 사람들이 그 주인공이었습니다. 사실 흔들림의 강도란 높이가 높아질수록 더욱더 크고 세게 느낄 수밖에 없습니다. 하물며 2층짜리 단독주택에서 큰 지진을 겪을 때도 흔들림에 놀라서 "엄마야"를 소리 높여 부르는데, 그 높은 곳에서 맞이하는 대형 지진은 어땠을까요? 저 같으면 아이고, 생각하기도 싫습니다.

그러나 막판 공사 중이었던 스카이트리 공사팀은 그런 공포를 겪고도 7일 뒤 여진의 공포 속에서도 다시 건축을 시작해 끝내 634미터 탑 시공을 마무리하는 데 성공하게 됩니다. 그런 우여곡절을 겪고 2012년 5월 정식 개관을 한 도쿄 스카이트리는 뜻하지 않게 지진 피해를 극복해낸 건축물로 등극하게 되지요.

이렇게 도쿄타워나 도쿄 스카이트리 급은 아니지만 고층에서 겪는 무서운 지진과 같은 불상사는 누구든 겪고 싶지 않을 것입니다. 그래서 일본에서는 아파트는 무조건, 아니, 어지간하면 피해야 할 건축양식이 되어왔습니다. 우리네처럼 최우선 구입 대상, 최우선 투자 대상, 빚을 내서라도 사야 하는 머스트 해브 아이템이 아닌 것이죠. 가능하면 피해야 할 건물 형태. 지진이 건물 형태를 지배한다면 그 제일 좋은 예는 바로 일본일 것입니다.

1997년 처음 일본에 왔을 때, 나리타 공항에서 내려 도쿄 시내로 들어가는 전철에서 바라본 일본의 첫인상은 아직도 잊히지 않습니다. 검은색 톤의 지붕, 갈색 톤의 낮은 목조건물들이 계속해서 스쳐 지나가던 그 느낌, 그 신선함을 말이죠. 그때는 그렇게 이국적이었던 그 풍경이 20년을 살아보니 다 살아남기 위한 전략, 지진을 피하기 위한 대책이었다는 것을 알게 되었지요.

하지만 한국에 가서 고층 아파트, 넓은 아파트 단지를 보면 우선 당장 제 머릿속은 '우와, 나도 하나 갖고 싶다'라는 생각으로 가득해 부러움이 앞섭니다. 어쩔 수 없습니다. 아파트가 갖는 의미가 다르니 건물생심입니다. 그런데 일본에서 15층 이상의 높은 건물을 보면 덜컥 겁부터 납니다. 그리고 이내 '아니, 지진 나면 어쩌려고 저런 위험한 데서 사는 걸까? 저 사람들은?' 이렇게 아파트를 놓고 양가감정이 생기는 전 32년을 한국에서 살고 일본에서 이제 20년 차를 맞이하고 있습니다.

일본에서 높은 아파트를 보면 드는 제 속내는 여기에 살고 있는 평범한 일본인들의 기본적인 마음가짐일 것입니다. 일본인 남편이 높은 아파트 볼 때마다 하는 걱정을 제가 그대로 가져다 하는지도 모릅니다. 하지만 지진은 정말 일본인들에게 아파트를 멀리하는 큰 이유 중 하나임에는 틀림없습니다. 물론 일본에도 원초적인 양가감정이라는 것은 존재합니다. 바로 단독주택 사는 사람은 아파트 생활을 동경하고, 아파트 생활을 오래 한 사람은 막연하게 단독주택의 삶을 동경하는 것 말이죠.

일본사람들이 집을 구입한다고 했을 때 열에 여덟이 사는 것이 바로 단독주택입니다. 결혼하고 바로 구입하는 것보다는 아이가 생기면 본격적으로 집을 구입해 어느 한 지역에 정착하는 것이 일반적이죠.

울도 담도 쌓지 않는 그림 같은 집을 짓고 시작하는 일본인들의 신혼생활! 참고로 울도 담도 쌓지 않는 것도 다 지진 때문인데요. 우리처럼 담장을 높이 쌓았다가 지진 와서 한 방에 무너져 내리는 사건사고가 많다보니 가급적 울도 담도 쌓지 않고 대신 가림막은 필요하니 나무와 꽃들로 대체합니다. 그 덕분에 그림 같은 집처럼 보이는 부수적인 효과는 일본 살아본 이들만 아는 비밀 아닌 비밀이라고 하지요.

자! 다시 본론으로 돌아와서 일본을 말할 때 많이 하는 말 중에 '섬나라 근성'이란 말이 있습니다. 도망갈 곳이 없는 사방이 바다인

섬나라이다보니 속내도 잘 드러내지 않고, 화도 잘 내지 않으며, 같은 말이라도 빙빙 돌려서 이야기하게 되었다는 그 설 말입니다. 틀린 말도 아닌 것이 여기 사람들도 한일 간 차이를 이야기할 때 그 근거로 덧붙이는 것 중 하나가 바로 '섬나라라서 말이야(島国だから)'입니다.

하지만 여기서 오래 살아보면 그 많은 이유들이 비단 일본이 섬나라라서가 아니었더라는 것을 알게 됩니다. 이것은 오랜 일본 생활 끝에 제가 발견한 건데요! 여기서 처음으로 밝히겠습니다. 그것은 바로 '평생 거의 이사를 가지 않고 한곳에 눌러살기 때문'이라는 아주 기초적인 삶의 패턴에 기인하고 있었습니다.

아이가 생겨 드디어 집을 사면 일반적으로 35년, 더 길게는 45년 은행에서 융자를 받아 집을 구입합니다. 일본은 월세나 대출 갚는 돈이 거기서 거기입니다. 게다가 월세는 날아가버리지만 집은 남기라도 하니, 많은 사람들이 월세 낼 돈으로 집을 구입하는 것이지요. 한 달에 대략 7만 엔에서 많게는 10만 엔 정도를 월급에서 갚아나가며 대출을 제해나가기 시작합니다.

다시 말하면 35년 동안, 더 길게는 45년 동안 절대 이사를 가지 않는다는 다른 말이 됩니다. 한번 구입해 살기 시작하면 거의 죽어서야 떠나는 집이다보니 평생 옆집과 앞집과 그리고 동네 사람들과의 관계를 어떻게 유지해나가야겠습니까? 그렇죠! '잘' 유지해나가야 합니다. 가능하면 돌려 돌려 말하고, 속은 어떨지 몰라도 항상 스마일!

그렇게 가깝지도 않고 멀지도 않게! 그러나 인사는 깍듯하게 잘하고! 뭐, 좋은 거 있으면 조금이라도 나누며 평생을 살다 가야 한다는 것이지요.

옆집과 지나치게 친해져도 좀 그렇습니다. 그러니 우리네처럼 옆집 숟가락이 몇 개인지까지 알아서도 안 되고, 반대로 우리 집 숟가락이 몇 개인지 절대 들통이 나서도 안 됩니다. 그러다보니 속내를 그렇게 쉽게 내보여서도 안 되는 것입니다. 이렇게 대대손손 굳어진 것이 우리가 아는 일본인의 혼네와 다테마에! 이게 진짜라는 데 제 소중한 돈 500원을 걸며 늘 주장하는 바이지요.

여러분도 이사 안 가고 옆집하고 평생 살아야 한다고 생각해보세요. 당연히 일본인들처럼 될 겁니다! 이건 100원 겁니다.

저희 아파트에는 정년을 하고 여기에 정착한 오구라 씨라는 인자하신 노인분 부부가 삽니다. 그분들도 저희처럼 전근족이라서 젊어서는 오사카며 도쿄며 이곳저곳을 다니신 모양이더라고요. 그런데 은퇴 후 그들이 멈춰 선 곳은 바로 기후현 기후시. 이곳은 그들이 나고 자란 곳이 아닙니다. 전근지로 거쳐 간 곳 중 하나였는데 이곳을 고른 것입니다.

이유를 물어보니 역시 한적함이었습니다. 지진이 적은 것도 선택사항 중 하나였다고 하시더군요. 그리고 여차하면 모든 것이 갖춰진 나고야가 바로 옆에 있으니 거기에 의존하면 된답니다. 아니, 굳이 단독주택이 아니고 아파트를 구입하셨냐고 여쭤보았습니다. 그랬더니 늙으면 사람이 그리워지고, 집도 낡으면 수리를 해야 하는데 그것을 다 해내며 살 여력이 없으니 안전하고 편리한 아파트를 선택하게 되었다고 하시더군요.

목조주택으로 지어져 지진 한번 오면 단박에 무너져 내리는 집에 사는 것보다 그래도 지진 대책이 어느 정도 설계된 안전한 아파트에서 자신의 노후를 보내는 노부부들도 많아지고 있는 추세입니다. 하지만 여전히 일본은 아파트보다는 단독주택이 그들의 삶과 그들의 이웃과 그들의 죽음을 관장하고 있다는 것을 느낍니다. 그리고 그 가장 안쪽의 심리를 파고들어가면 거기엔 지진의 공포가 존재하고 있다는 것도 알게 됩니다.

제11장

피난 구호 오하시모(おはしも)·오카시모(おかしも), 젓가락과 과자를 기억하라

첫째가 고등학교를 졸업하기 며칠 전, 아주 의미 있는 선물을 받아 왔습니다. 그것은 바로 재난 대비 구호식량이었던 캔에 든 건빵 한 통과 물 한 병이었습니다. 물론 유효기간이 그리 많이 남아 있지는 않았습니다. 일본 고등학교에서는 졸업 기념으로 이렇게 각 학교 몫으로 저장되어 있던 재해 대비용 비상식량을 받아온답니다.

원래 재해 대비용 비상식량은 유효기간이 길기는 하지만 시기에 맞게 잘 교환해주어야 하니 재고 처리 측면에서 생각하면 학교 측에서는 아주 의미도 있고 상당히 쌈박한 방법을 찾은 것 같아 보입니다.

일본에는 매해 9월 1일, 방재의 날(防災の日)이라는 특별한 날이 있습니다. 지진과 쓰나미 등 재해에 대한 인식을 높이고, 이를 대처하는 마음가짐을 준비한다는 목적으로 1960년에 제정되었는데요. 이날은 특히 1923년 약 10만 5,000명의 사망자와 행방불명자가 나왔던 간토대지진이 발생했던 날이기도 하고, 일본에서는 태풍이 가장 많이

상륙하는 시기이기도 해서 겸사겸사 9월 1일로 날짜까지 정해지게 되었답니다. 빨간 날은 아니라 쉬지는 않습니다. 하지만 일본 전국의 초·중·고에서는 아주 특별한 활동을 하죠. 바로 대대적인 피난 훈련이 이날 전국적으로 이루어집니다.

아이들을 키워보니 유치원, 초등학교에서는 나름 제대로 빡세게 하던 피난 훈련도 중학교, 고등학교로 올라가면 올라갈수록 보호자 없이 학교에서 자체적으로 실시하는 경우가 일반적입니다. 아니, 그걸 어떻게 아냐고요? 중·고등학교부터는 학교까지 애들 픽업해 가라고 보호자 오란 소리를 안 하거든요. 하지만 초등학교 때는 다르답니다. 매해 9월 1일이 되면 위에서도 말했듯이, 간토대지진을 기념해 그날 하루만큼은 꺼진 불도 다시 보고, 지진이 났을 때 피난을 최소화하기 위해서 본격적으로 전국에서 피난 훈련이 이루어지거든요.

지바현 가시와시에서만 계속 살았으면 또 일본의 초등학교는 반드시 재난 피해 훈련을 하는 날에는 보호자가 아이를 픽업하러 가야 하나보다 했을 것입니다. 그런데 기후현 기후시는 초등학교도 그냥 보호자 오란 소리 없이 자체적으로 끝내버리더라고요. 아마도 지진이 잦은 지역과 지진이 거의 없는 지역의 차이가 아닌가 싶습니다.

우선 지바현 가시와시에서 살 때 받았던 피난 훈련 방법을 아주 생생하게 기억하고 있습니다. 그날은 오전 수업은 평소대로 하고 급식을 먹고 오후 시간이 시작되면 바로 피난 훈련을 실시합니다. 보호자는 오후 몇 시까지 아이를 마중오라는 가정통신문을 미리 받게 됩니다. 그날은 보호자가 누가 오는지, 만약 그 사람이 못 갈 경우 차선으로 오는 사람(대략 조부모)은 누구인지 이름과 관계를 적어서 제출하게 되어 있습니다.

여유 있게 도착해 운동장 뒤편에 서서 기다리고 있으면 이윽고 피난 방송이 나오고 교실에서 일제히 아이들이 쏟아져나오는 것을 볼 수 있답니다. 그럼 훈련에 익숙한 아이들은 1학년부터 6학년까지 한 줄로 쭉 줄을 섭니다.

그럼, 이제부터 정리에 들어갑니다. 같은 학교에 형제자매가 다닐 경우에 관한 정리인데요. 기본은 가장 저학년 형제를 중심으로 위의 형제가 그 반으로 찾아가 그룹을 만드는 작업입니다. 6학년부터 이동하는데, 가령 세 명이 다닐 경우에도 위의 두 형제가 같이 움직이는 것이 아니라, 순서대로, 즉, 6학년이 제일 밑의 학년으로 가고, 둘째가 마지막에 합류하는 식이 되는 것이지요. 그렇게 모든 정렬이 끝나면 보호자가 아이를 찾으러 갑니다. 반드시 이름과 관계를 말해야 하지요. 그렇게 아이들을 데리고 바로 하교한답니다.

앞에서도 말씀드렸다시피, 간토 지방이었던 지바현 가시와시에서는 입학과 동시에, 아니, 유치원 시절부터 방재 방석이라는 것을 사용합니다. 즉, 평상시에는 방석으로 사용하다가 이런 지진이 발생하면 머리를 보호하기 위해 뒤집어쓰게 되어 있지요. 그런데 지진이 별로

없는 기후현 기후시로 전학을 시켜놓고 보니 방재 방석은 누구 이야
기인가요? 무엇에 쓰는 물건인가요? 하더란 말이지요.

일본 아이들은 어려서부터 피난에 관한 표어를 암기합니다. 아주
외우기 쉽게 만들어진 표어랍니다. 계기가 된 건 1995년 1월 17일 고
베 대지진이었습니다. 제2차 세계대전 이후 세계에서 유례를 찾기 힘
들 만큼 큰 피해를 입힌 지진 중 하나였다고 할 정도로 대형 지진이
었지요. 그 지진 이전에 멋진 항구 도시였던 고베는 지진 이후 최고
의 부채를 안은 도시로 몰락하고 말았을 정도로 그 피해가 대단했습
니다.

그래서 그날 이후 고베 소방청에서는 소학교 저학년 아이들을 대
상으로 피난 훈련 내용을 표어로 외우기 쉽게 만들어 배포했습니다.
저희 집 세 아이도 자다가 벌떡 일어나서도 말할 수 있을 정도로 학
습 효과는 뛰어나답니다. 궁금하시다고요?

자, 일단 일본어를 배우지 않았어도 이 피난 훈련 표어를 알고 나
면 일본어 단어 두 개를 바로 익히게 되는데요. 하나는 젓가락이란
뜻의 '오하시', 그리고 또 하나는 과자란 뜻의 '오카시'랍니다. 아니,
피난 훈련과 젓가락? 피난 훈련과 과자? 도대체 이 둘과 피난 훈련은
어떤 연결고리가 있는 걸까요?

먼저 '젓가락'이란 뜻의 오하시(おはし)는 바로 아래 행동들의 앞

글자를 따 만든 조합어입니다. 그것은 밀지 않는다 오사나이(押さない)의 '오'! 뛰지 않는다 하시라나이(走らない)의 '하'!, 그리고 마지막으로 떠들지 않는다 샤베라나이(しゃべらない)의 '시'! 그래서 '오하시'가 되지요. **'밀지 않고, 뛰지 않고, 떠들지 않는다'**는 뜻이겠지요?

처음엔 지진이 발생했던 지역의 저학년 교육지도 가이드라인으로 제공되었는데, 이후 이 표어는 방송을 타면서 일본의 전국 초등학교에서 사용되기 시작합니다. 요새는 이 젓가락 표어에 하나가 더 추가되었는데요. 그건 바로 있던 곳으로 **'되돌아가지 않는다'** 모도라나이(戻らない)의 '모'!가 붙어 '젓가락도'란 뜻의 '오하시모'로 외치게 되었답니다.

자, 그냥 따라 하기는 뭐했는지 도쿄도 교육위원회는 이를 모방해 과자라는 뜻의 '오카시'를 만들어냅니다. 그리고 하나 더 추가해 **'저학년 우선'**이라는 뜻의 '테가쿠넨유센(低学年優先)'의 '테'까지 넣어두었다고 하네요. 그럼 '오카시모테(おかしもて)'가 되는데 이는 일본어 뜻으로 '과자 들고'라는 뜻이 된답니다. 눈치채신 분도 있겠지만 도쿄도 교육위원회가 바꾼 것은 '뛰지 않는다'의 '하시라나이'를 같은 뜻의 '카케나이'로 바꾼 것뿐이랍니다. 자, 다시 복습하는 기분으로 정리해볼까요!

오! 오사나이(押さない) 밀지 않는다!

하! 하시라나이(走らない) 뛰지 않는다! / =카케나이(かけない)

시! 샤베라나이(しゃべらない) 떠들지 않는다!

모! 모도라나이(戻らない) 되돌아가지 않는다!

테! 테이가쿠넨유센(低学年優先) 저학년 우선!

제12장

반균열, 한와레가
난카이 지진을 더욱더 키운다?

일본의 지진조사위원회는 앞으로 30년 이내 난카이 해곡 거대 지진의 발생확률을 80퍼센트 정도로 보고 있습니다. 이에 반해 다쓰키 료 씨나 한국의 백○ 도사라는 분은 당장 2025년 7월에 일어난다고 말하고 있지요. 이러니 사람들이 예언 쪽으로 확 쏠리는 거겠죠? 막연한 것보다는 정확한 날짜와 시기를 사람들 속 시원하게 콕콕 짚어 주니 말이에요. 물론 믿거나 말거나이지만!

이번 장에서는 난카이 해곡 거대 지진의 피해를 더 크게 만들 것으로 알려진 '한와레(半割れ)'에 대해서 알려드리려고 합니다.

「이데일리」 2024년 8월 8일 미야자키현 지진 관련 기사를 보면 '한와레'를 '반균열'이란 우리말로 풀어 사용하고 있습니다. '이치부와레(一部割れ)'는 일부 균열로, 그리고 〈일본 침몰〉이라는 드라마에서 일본 침몰의 전조현상으로 잡아내는 '슬로 슬립Slow Slip'은 '천천히 미끄러짐(ゆっくりすべり)'이라고 번역하고 있었습니다. 저도 이 부분에

서는 '한와레'를 '반균열'로 표현하도록 하겠습니다. 지진을 알아가다 보니 자신도 모르게 몇 개의 일본어 단어를 건지는 이 부수적인 효과도 꼭 챙겨보세요!(웃음) 벌써 세 개나 건지셨습니다. 오하시, 오카시, 한와레!

한와레, 반균열은 말 그대로 해곡이 절반으로 나뉜다는 의미입니다. 난카이 해곡을 동서로 크게 나눴을 때 어느 한쪽의 절반이 먼저 뒤틀려 움직이는 경우입니다. 이 경우 나머지 반쪽도 반드시라고 말해도 좋을 정도로 지진이 일어날 가능성이 높아집니다. 이렇게 되면 거대 지진이 동서 양쪽에서 두 번 발생하게 되며, 이와 동반되어 심한 흔들림과 대형 쓰나미도 두 번에 걸쳐 일본을 찾아오는 꼴이 되지요. 거의 오른쪽 뺨을 맞았으니 왼쪽 뺨도 내놓아라는 식이 되는 것입니다.

그리고 이 가정이 바로 난카이 해곡 거대 지진의 가장 무서운 지점입니다. 간단히 계산해봐도 피해가 두 배가 되기 때문입니다. 그러니 백○ 도사님이도, 다쓰키 료 씨도 2025년 7월의 거대 지진의 영향으로 일본이 침몰해버릴 정도라고 말하는 게 아닐까요.

일본 열도 남쪽에 자리한 난카이 해곡은 얇고 무거운 해양판이 가벼운 대륙판 밑으로 가라앉기를 반복하며 약 100년에서 150년 주기로 거대 지진을 일으키고 있는 곳입니다. 원래 서로 두께와 밀도가 비슷한 해양판과 해양판이 충돌하는 경우나, 대륙판과 대륙판이 충돌하는 경우는 그 충격으로 지진이 발생하거나 화산 활동이 일어나고 큰 산맥이 생기기도 합니다.

그러나 난카이 해곡같이 밀도가 다른 해양판과 대륙판이 충돌하면 얇고 무거운 해양판이 두껍고 가벼운 대륙판 밑으로 가라앉는 침강 현상이 일어나게 되는 거죠. 그리고 침강 현상이 극에 달했을 때 튕겨져 올라오며 거대 지진을 일으키게 됩니다. 현재 그 주기가 약 100년에서 150년으로 계산되고 있고요.

NHK에서 난카이 해곡 거대 지진 발생을 상정해 가상 드라마를 제작해 보도했는데요. 배경은 히가시오사카, 서부의 대도시입니다. 어느 토요일 8시 21분. 규모 8.9의 거대 지진이 발생합니다. 서쪽에서 일어난 반균열, 한와레입니다. 최대진도 7. 지진의 여파로 고치현의 중부, 동부, 서부와 오사카에 최대진도 6강의 지진 발생하게 됩니다. 초고층 건물이 장시간 흔들리는 장주기 지진동도 발생합니다. 심한 흔들림으로 인해 인근 16개 지역에서 62만 1,000동의 건물이 전부 파괴됩니다. 지반 액상화에 따른 건물 붕괴는 8만 4,000동(23부현)에 이릅니다. 25만 동이 화재에 의해 소실됩니다(16부현), 사망자는 최대 10만 2,000명에 이릅니다.

반균열의 경우 아직 지진이 일어나지 않은 나머지 절반 지역에서 연동해서 지진이 발생할 가능성이 높습니다. 가상 드라마에서는 이후 동쪽에서도 반균열이 발생합니다. 가상으로 상정한 강도는 규모 8.6. 아이치현, 시즈오카현, 미에현에서도 진도 7, 일본 최고의 공업단지가 있는 아이치현을 포함한 도카이 지역이 타격을 크게 받습니다. 일본의 대동맥에 해당하는 교통기관들도 절단되고 맙니다. 동쪽에서 반균열이 발생할 경우 사망자 추산 최대 8만 4,000명.

이어지는 불행은 몇 분 안에 도달하는 대도시를 덮칠 대형 쓰나미입니다. 가상 드라마에서 상정한 것처럼 서쪽에서 반균열이 먼저 일어날 경우, 빠른 지역은 3분 안에 쓰나미가 도달한다고 합니다. 특히 고치현 구로시오초 지역에서는 최대 높이가 26미터나 됩니다.

게다가 두 번째 거대 지진인 동쪽의 반균열이 발생하면 동쪽의 지바현부터 동북쪽 미야기현까지 77개의 시초손(市町村, 우리나라의 읍면동과 같이 작은 지역 단위)에서 2미터가 넘어가는 두 번째 대형 쓰나미를 마주치게 됩니다.

오사카는 이전에 단 한 번도 경험한 적이 없는 중심부 우메다에서 최대 2미터가 넘는 쓰나미의 위험과 마주하게 됩니다. 가상 드라마는 어디까지나 가상이라서 실제로 일어났을 때는 그 피해와 그 규모가 얼마나 될지는 정말 가늠조차 힘들 정도일 것입니다.

아니, 그렇다면 저를 포함 일본에 살고 있는 모든 사람들은 아무것도 하지 못한 채 언제 찾아올지 모르는 지진을 기다리고 있어야만 할까요? 아닐 것입니다. 뭐라도 방법이 있지 않을까요? 작은 거라도 말이지요. 이 가상 드라마 시나리오의 감수자이자 나고야 대학 명예교수이며 난카이 해곡 거대 지진 국가 검토위원회 위원인 후쿠와 노부오(福和伸夫) 씨는 가장 중요한 것이 바로 내진설계가 된 집이라고 주장합니다.

1995년 고베 대지진 당시에도 먼지처럼 쓰러진 목조가옥들은 다 내진설계가 되어 있지 않거나 구 내진설계로 된 집들이었다고 하지요. 이렇게 내진설계는 목숨을 지켜줄 수 있을 정도로 중요하다고 합니다. 그는 우리의 소중한 목숨을 지키기 위해서는 지진에도 부서지지 않는 집이 있어야 한다고 말하지요.

사실 일단 지진으로 집을 잃으면 정말 고생을 많이 하게 됩니다. 살 곳이 없으니 가설주택이 마련될 때까지 언제 끝날지 모르는 피난소에서 생활해야 합니다. 그러니 우선은 계속해서 살 수 있는 튼튼한 집을 갖는 것이 중요하다고 그는 주장합니다.

하지만 아무리 내진설계가 되어 있지 않은 집이라고 해도 한두 푼도 아닌 집을 그리 쉽게 부수고 새로 지을 수는 없으니 그 점이 참 안타까운 지점입니다.

그는 마지막으로 강조합니다. 가장 중요한 것은 절대 다치지 않는 대책을 세우는 것이라고 말이지요. 차선책으로 집 안에 반드시 안전한 빈 방을 마련해 두어야 하는 이유입니다. 자신이 자주 가는 곳이나 사는 곳에 항상 어떤 위험이 있는지를 미리 조사해둘 것도 강조하고 있습니다. 평소에도 '지진이나 쓰나미가 발생했을 때 바로 도망간다' 는 마음을 가지고 자신의 생활권 안의 피난할 장소를 확인해두는 것이 중요하다고 합니다.

이는 비단 반균열 때에만 해당하는 것만은 아닐 것입니다. 내일이라도 당장 찾아올지도 모르는 **지진을 위해 가장 빠른 대처 방법은 '바로 지금 준비해둔다'**가 아닐까요.

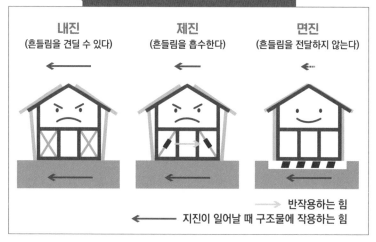

Tip 9 집, 지진을 견디는 정도

내진	제진	면진
(흔들림을 견딜 수 있다)	(흔들림을 흡수한다)	(흔들림을 전달하지 않는다)

→ 반작용하는 힘
← 지진이 일어날 때 구조물에 작용하는 힘

제13장

살아남은 자 vs 살아남지 못한 자

큰 재해 앞에서도 반드시 살아남는 자는 있습니다. 저는 그런 살아남은 자들을 주목하고 싶었습니다. 그것은 운이 좋아서였을 수도 있지만, 지진이나 쓰나미 같은 대형 재해 앞에서 살아남은 자들에게는 분명히 그럴 만한 행동과 사고가 뒷받침되고 있었을 것이라는 믿음 때문이기도 했습니다.

재해 전승 단체인 311메모리얼 네트워크라는 단체는 도호쿠 대학과 협의해 2011년 동일본 대지진 당시 한 마을의 피난 행동 패턴 및 결과를 조사합니다. 그리고 그 조사 결과를 토대로 2024년 〈100인의 증언, 목숨을 잇는 쓰나미 피난〉이란 제목으로 다큐멘터리를 만들어 발표하지요. 이는 당시 사람들의 대처 방식뿐만 아니라 복기에 관한 내용을 담고 있어 저의 관심을 끌기에 충분했습니다.

2011년 동일본 대지진 때 사망하거나 행방불명된 사람 수는 총 1만 8,423명으로 집계되었습니다. 그중에서 제일 많은 피해자 수가 나온 곳이 미야기현 이시노마키시. 무려 이 지역에서만 3,970명이 사망하거나 여전히 행방불명된 상태입니다.

그런 연유인지 조사 대상은 미야기현 이시노마키시 미나미하마카 도노와키 지역으로 쓰나미 피난 경험이 있는 100인을 선정합니다. 이곳은 2011년 대지진 전에는 약 1,800세대 4,500명의 주민이 사는 마을이었습니다. 앞에는 태평양이 내려다보이고 해안에서 약 700미터, 도보로 10분 정도 거리에 히요리산이라는 고지대가 있습니다. 전형적인 배산임수형의 마을이었지요.

하지만 당시 7미터가 넘는 거대한 쓰나미는 저 멀리 바다에서 몰려와 히요리산 바로 앞까지 모두를 휩쓸고 가버렸습니다. 2024년 2월에는 주민들이 살았던 삶의 터전은 부흥기념공원으로 바뀌어 당시 쓰나미의 규모가 얼마나 컸는지를 짐작하게 해줍니다.

이곳에 쓰나미가 도착한 것은 지진 발생 후 57분이 경과한 무렵이었습니다. 사실 일반적으로 생각했을 때 57분이라면 충분히 피난을 갈 수 있는 시간입니다. 그렇다면 이 지역 사람들은 모두 살아남았어야 합니다. 그런데 결과는 그렇지 못했습니다. 조사팀은 그들의 피난 패턴을 하나하나 분석하기 시작합니다.

조사팀은 지진 당시 머물고 있었던 장소를 먼저 분류했습니다. 2011년 3월 11일이 금요일이었던 만큼 직장, 학교가 먼저 포함되었습니다. 그리고 자택, 친척집, 지인집, 그리고 자택을 점포로 하는 자영

업자, 마지막으로 외출 중으로 나누었습니다. 이 지역은 지진이 났을 경우 산 바로 밑에 자리한 가도노와키라는 초등학교가 피난소로 지정되어 있습니다.

지진 발생 3분 후!

확성기를 통해 이 지역에 대형 쓰나미 경계 방송이 발표됩니다. 그러나 어인 일인지 발령 후 11분이 지나도록 아무도 피난을 가는 이가 없는 것으로 조사됩니다. 여기서 아주 중요한 정보가 하나 제공됩니다.

바로 1960년 과거 이곳에 쓰나미가 한 번 발생한 적이 있었던 것이 문제라면 문제였습니다. 그때 당시에도 쓰나미는 왔지만 그다지 큰 피해를 남기지 않았던 경험이 문제였습니다. 그래서 많은 사람들이 쓰나미 경보가 내려졌음에도 불구하고 이전의 경험으로 미루어 짐작해 그 위험도를 낮게 보고 있었던 겁니다. 쓰나미가 온다 해도 기껏해야 집의 1층 부분이 잠기는 정도로 생각했다고 합니다. 그러니 굳이 힘들여 높은 산을 오를 필요 없이 여차하면 2층으로 도망가면 된다고 생각하고 피난을 가지 않았던 것입니다. 제일 먼저 이 부분에서 생사는 한번 갈리고 말았지요.

아이 셋을 둔 5인 가족의 아빠였던 구사지마 씨는 당시 외출 중이었던 사람의 예로 등장합니다. 그의 직업은 과외선생님. 과외를 가기 위해 차로 이동하는 도중 지진을 만나게 됩니다.

그는 제일 먼저 혹시라도 학교에서 집으로 돌아와 있을 아이들이 걱정되었습니다. 만약 집에 있다가 이 강력한 지진 때문에 물건이라도 떨어져 다치기라도 하면 큰일이라는 생각이 들기 시작했다고 합니다. 한번 그런 불안을 느끼자 그 감정은 점점 더 커져만 갔습니다. 이내 불안을 떨쳐낼 수 없었던 그는 마침내 핸들을 돌려 바닷가에서 아주 가까웠던 자신의 집으로 향했답니다. 그러나 집에는 다행인지 불행인지 아무도 없었습니다.

　　그는 집에서 나와 다시 가족을 찾기 위해 인근 피난소인 학교로 가보았습니다. 하지만 가족들의 모습은 보이지 않습니다. 그러다 그곳에서 그때 만난 지인과 몇 마디를 나눈 후 그는, 다시 한 번 집으로 돌아가는 우를 범하고 맙니다. 왜냐하면 지인이 하는 말에 그의 마음이 동조되고 말았기 때문이었습니다. 지인 왈, 지금 벌어지는 상황을 보아하니 당분간 피난소에서 대피 생활을 해야 할 것 같은데 이불이며 뭐 필요한 짐을 들고 왔느냐고 물어보더라는 것입니다. 오로지 가족을 찾으려던 일념으로 맨몸으로 피난소까지 왔던 그는 순간 당황하게 됩니다.

　　결국 지인의 말에 흔들려 뭔가 피난 생활에 도움이 될 만한 집기들을 가지러 집으로 다시 한 번 핸들을 돌리고 말았던 것이지요. 그러나 핸들을 돌려 자신의 집으로 향하던 중 도착하기 몇십 미터 앞에서부터 검은 물이 스멀스멀 밀려오는 것이 보이기 시작합니다.

　　허둥대며 되돌아가려고 방향을 돌리는 순간, 눈에 들어온 모습은 거대한 쓰나미가 저 멀리서부터 밀려오고 있는 모습이었습니다. 한 순간이었습니다. 자신의 눈앞에 펼쳐져 있던 높은 수평선! 그는 그때 죽음을 각오한 것이 아니라 이미 자신은 죽었구나 하는 생각이 들 정도로 그 위압감이 어마어마했다고 회상합니다.

그는 어떻게든 후진하며 가속 페달을 있는 대로 밟아 겨우 산으로 도망쳐 목숨은 구할 수 있었지만, 그런 행운이 아무한테나 있지는 않을 것입니다. 다행히 나머지 가족들도 다른 곳에서 무사히 피난하고 있어서 재회할 수 있었습니다.

구사지마 씨는 아마도 당시 자기와 똑같은 판단을 했던 사람이 상당했을 것이라 추측합니다. 그리고 안타깝지만 그렇게 판단하고 다시 집으로 돌아갔던 대부분의 사람들은 다시 돌아올 수 없었습니다. 많은 이들이 이런 무서운 재해가 일어났음에도 불구하고 피난소가 아닌 집으로 돌아가는 우를 범한다고 합니다. 이유는 명료합니다. 남아 있는 가족이 걱정되어서, 아니면 집에서 뭐라도 들고 나와야 한다는 마음이 들었기 때문입니다.

사실 피난처로 바로 피난을 가도 긴박할 시간입니다. 그래서 그는 그때 자신이 이웃의 말에 혹해 **살던 집으로 되돌아갔던 것을 제일 후회한다고 했습니다.** 그는 그런 오류를 범하지 않기 위해서는 재해가 일어나기 전부터 가족들과 신뢰를 쌓아두는 것이 중요하다고 강조합니다. 가족 간의 신뢰가 쌓인 상태라면 자신이 다른 가족을 살리겠다고 위험하게 집으로 돌아가는 행동은 하지 않겠죠. 오히려 나머지 가족을 위해서라도 자기가 먼저 안전한 장소로 도망가는 것이 최고의 피난 방법이라고 말합니다.

하긴, 비행기를 타면 제일 먼저 구명조끼 입는 법을 안내합니다. 이때도 산소 마스크는 본인이 먼저 끼고 아이들에게 씌우도록 안내하는 것과 같은 이치일 것입니다. 일단 내가 살아야 합니다. 그래야 다른 가족도 산다는 것! 반드시 기억해야 할 마음가짐이 아닐까 싶습니다.

한편 다른 사람의 대피를 도와주는 선순환이 되는 행동들도 밝혀졌습니다. 바로 교사 인솔 아래 이른 시간에 산을 오른 초등학교 아이들의 피난 행렬이었는데요. 지진 발생 후 15분, 총 224명의 초등학생들이 뒷산으로 대피를 시작한 시간이었습니다.

지역 주민들이 움직이기 전에 아이들이 가장 먼저 피난처인 산에 도착합니다. 이는 학교에서 행하던 피난 훈련 덕분이었습니다. 쓰나미든 지진이든 어떤 재해가 일어나더라도 항상 고지대로 피난을 가는 훈련을 해왔던 것입니다. 교장선생님의 목표도 하나, 좀 더 많은 아이들을 빠른 시간 안에 가장 안전한 장소로 피난시키는 것이 최우선이었습니다.

빠른 집단 대피는 플러스 효과를 불러왔습니다. 아이들이 먼저 피난을 간 것을 알게 된 보호자들이 뒤를 쫓듯 고지대로 올라와 결과적으로 쓰나미를 피할 수 있게 된 것입니다. 또한 집단으로 대피하는 모습을 보고 위기감을 느낀 지역 주민들이 피난을 간 경우도 있던 것으로 밝혀졌습니다.

초등학생들이 먼저 피난을 갔던 것이 지역 주민들의 피난으로 이어진 것을 바로 **피난의 연쇄작용**이라고 부릅니다. 솔선해서 피난을 가는 그룹이 생기면 처음에는 위기감을 그리 높게 갖고 있지 않았던 이들에게도 영향을 끼치고, 그들도 대피하게 만드는 연결고리를 만드는 것입니다. 이처럼 의식하지는 않았겠지만 안전을 위해 누군가 취한 행동은 생각하는 것 이상으로 상대방에게 긍정적인 영향을 미칠 수 있다는 것을 이 조사를 통해 알 수 있었습니다.

세월이 흘러 2024년 1월 1일 노토반도에서 발생한 지진과 쓰나미에 관한 조사도 함께 보여주었는데요. 대형 지진이 일어났을 때 이 지역의 많은 이들이 입을 모아 했던 말이 있었습니다. 그건 바로 동일본 대지진 당시 쓰나미의 강력함을 TV를 통해 학습한 적이 있었던 덕분에 서둘러 대피길에 올라설 수 있었다는 증언이었습니다. 그때 본 것이 있으니까 쓰나미는 무서운 것이며, 순식간에 들이닥친다는 사실을 어느 정도 예상하고 행동으로 옮길 수 있었습니다.

노토반도 지역에서도 사실 동일본 대지진 이후 연 1회 피난 훈련을 실시해왔습니다. 그럼에도 피해가 엄청 컸습니다. 커다란 재앙을 그저 재앙으로 끝내지 않고 거기서 얻는 교훈으로 나머지 사람들이 살아가고 있다는 사실이 아주 바람직해 보이는 장면이었습니다. 그러니까 일본에 살려면 지진과 같은 큰 재난이나 재해에서 계속해서 배워나가는 것이 가장 중요함을 깨닫습니다.

저런 대형 쓰나미가 왔을 경우 나라면 어떻게 할까?

우리 집은 어떻게 할까?

어떻게 하겠다고 미리 생각해두는 것이 최종적으로 자신의 목숨을 지키는 방법으로 이어집니다. 그것은 바로 지금 당장이라도 일어날지 모르는 다음 재해에 대비해야 하는 저와 제 가족의 마음가짐이 되어야 함이 틀림없습니다. 그리고 더 크게는 옆 나라의 재난 대비책을 보고 배울 수 있는 점이 있다면 우리나라도 꼭 미리미리 대비했으면 하는 바람이랍니다.

Tip 10

동일본 대지진을 통해 얻은 교훈

하나. 경계 방송이 울리면 즉시 대피해 주변 산 등 높은 곳으로
      올라간다.

하나. 재해 발생 시 인근 대피소에서 만나자고 평소에 약속해두고
      가족 간의 신뢰를 쌓는다.

하나. 평소에 동일본 대지진과 같은 대형 지진 피해 사례, 대피
      정보를 파악해둔다.

하나. 대피 중 귀중품, 생필품, 가족 구성원을 찾겠다고 절대
      뒤돌아가지 않는다.

제14장
지진과 쓰나미와 집중호우 그다음
노토반도 사람들이 했던 일

2024년 연말이 되자 TV에서는 2024년 지진과 집중호우로 초토화된 곳에서 살아남은 이들의 뒷이야기들을 방송해주기 시작했습니다. 어떻게 그 긴 불운과 함께했는지를 말이지요. 저는 흥미가 갔습니다. 사실 큰 재난이 닥쳤을 때 당하는 모습은 늘 볼 수 있지만, 그곳에서 직접 일상을 살아내야 하는 이들의 이후의 모습은 잘 보이지 않습니다. 그저 대형 체육관 같은 피난처에서 추운 듯 담요를 몸에 두르고 있는 모습이나, 차가운 식사를 하는 모습들이 고작이지요.

하지만 그곳도 재난이 일어나기 전까지는 저 같은 평범한 사람들이 살던 곳이었죠. 그러니 버티고 또 버텨내야 했을 시간의 길이가 저와는 다른 1년이었을 것은 틀림없습니다.

2024년 하면 역시 이시카와현 노토반도였지요. 지진과 집중호우라는 이중의 불운이 덮쳤던, 안타까운 의미로 유명해지고 말았으니깐요. '올해도 건강하고 좋은 한 해가 되게 해주세요'라고 빌고 있었다는 한 사람의 인터뷰로 시작한 다큐멘터리는 설날 아침과 점심까지 여유

롭게 먹고 쉬고 있던 이들의 모습을 보여줍니다.

그리고 바로 화면이 바뀌어 그 모두를 일시에 세기말로 인도했던 노토반도 강진이 찾아온 장면이 이어집니다. 이건 정말 지진의 규모가 다릅니다. 많은 이들이 갑자기 찾아온 강진 때문에 흔들리는 TV를 손으로 잡으며, 이불을 뒤집어쓰며, 어떻게든 버텨보지만 많은 집이 와르르르 무너져 내려버립니다.

TV에서 볼 수 있는 모습은 항상 여기까지만이죠! 화면은 곧 바뀝니다. 그런 와중에도 운 좋게 살아남은 사람들은 잠시 후 지진이 조금 가라앉은 뒤 무섭지만 근처 학교나 구민회관 같은 곳으로 피난을 가있는 모습입니다.

사실 당시 너무 순식간에 일어난 일이라 그저 몸에 얇은 옷만 걸치고 나온 사람들이 그리도 많았다고 합니다. 그래서 피난 중이었던 어떤 공무원 여성은 대형 쓰레기봉투 비닐을 찾아내 목이 들어갈 부분과 두 손이 들어갈 곳을 가위로 잘라 얇게 입고 나와 추위에 떨고 있던 노인들에게 배부합니다. 피해 규모가 너무나 커서 당분간은 아무도 자기네들을 도와주러 올 수가 없겠다는 현실이 자명했기 때문이었습니다.

너무나 절망적인 상황이 닥쳤을 때, 그 절망에 압도되는 것이 아니라 그 상황에서 자신이 할 일을 조용히 찾아냈던 이분의 사명감. 분명 아무나 할 수 있는 일은 아닐 것입니다.

다음은 절에 있던 어떤 분이었습니다. 일본의 절이나 신사는 새해가 되면 가장 붐빕니다. 지진으로 많은 곳이 쓰러져내렸지만 그곳에서 일했던 한 분은 나무들을 치우고 시민들이 부처님에게 봉납한 쌀가마니를 찾아냅니다. 그리고 마침 아직 전기를 쓸 수 있었던 점을 이용해 밥통으로 밥을 지어 주먹밥을 만들어 사람들과 나눕니다. 분명 재난은 누구나 피해 갈 수 없지만, 이후에 할 행동은 선택할 수 있습니다. 그냥 무섭다고 무너져 있지 말고 뭐라도 하며 몸을 움직이는 것이 사실 어려운 상황을 이겨내는 가장 좋은 방법일 수도 있겠다고 느꼈습니다.

다음으로 행동을 한 이는 이 동네에서 10년 동안 프랑스 음식점을 운영하던 요리사였습니다. 그는 완전 쑥대밭이 된 레스토랑을 망연자실하게 바라보는데 갑자기 전날 매입해둔 신선한 야채가 눈에 들어옵니다. 그리고 그의 마음속에서는 피난민들에게 따뜻한 수프를 끓여줘야겠다는 마음이 무심코 들었다고 합니다. 바로 무너진 곳을 헤집고 요리할 대형 냄비를 찾아냅니다. 물이 모자라 탄산수, 와인까지 넣어 첫 요리로 야채수프를 만들어 피난소 사람들에게 따뜻하게 대접합니다.

부족한 일손은 당시 그 앞을 지나던 생선가게 사장이 도왔습니다. 이렇게 알음알음 이 동네에서 식당을 하던 사람 몇몇이 모여 부족하나마 할 수 있는 최선을 다해 음식을 만들기 시작합니다. 그들이 만들어낸 음식은 총 10만 식.

사실 몸도 지치고 마음도 지칠 수밖에 없는 게 피난민의 처지입니다. 게다가 매일 먹어야 하는 음식이 비상식량이라고 하지요. 그게 또 그렇게 힘들다고 합니다. 그러니 그런 퍽퍽한 생활 속에서 먹는 따뜻한 수프 한 그릇, 따뜻한 밥 한 그릇은 한 사람을 살아가게 만들어줄 희망이 될 수도 있습니다. 그렇게 이들은 모여서 매일같이 먹거리를 만들어 피난 중인 이들에게 따뜻함을 선사해줍니다.

그리고 음식을 만드는 시간이 끝나면 이들도 나름 모여서 사는 이야기들을 하며 위로도 받고, 막막했던 미래에 대해서 서로 이야기도 나눕니다. 그렇게 먹을 것을 만드는 동안 이들은 다시 이 마을을 살리기 위해 한곳에 모여 식당을 열기로 합니다.

그렇게 절망에서 희망으로 넘어가며 조금씩 회복하는 시간이 찾아옵니다. 그러나 그런 희망에 다시 한 번 물을 부은 것이 9월 21일 태풍입니다. 태풍의 직격탄을 맞게 된 것입니다. 절망 속에서 희망을 찾아 정리하고 고친 자신들의 자택과 식당은 지진 때와는 달리 완전히 물이 들어차 못 쓰게 되어버리고 맙니다. 모두들 처음으로 마음이 무너지는 지점이었다고 하지요. 어떻게든 잊고 털고 다시 일어나려는 이들에게서 다시 한 번 모든 것을 빼앗아가버린 겁니다.

그럼 다시 사람들은 나뉘겠죠. 자포자기해버리는 사람. 그리고 이렇게까지 나오면 나도 제대로 복수해주겠다, 이대로는 못 망한다는 억화 심정을 좋은 쪽으로 끌고 가는 에너지를 내뿜는 사람으로 말이지요. 사실 말이 쉽지, 내가 가진 모든 것을 잃은 상황에서 절망적인 상황을 털고 일어나기란 결코 쉬운 일이 아닐 것입니다.

하지만 이들의 1년 간의 행적을 같이 더듬어보며 한 가지 배울 수 있었습니다. 만약 지진에서, 쓰나미에서 살아남았다면 이미 그것은 신이 내게 내려준 가장 큰 가호일 것이라는 게 첫 번째입니다. 그러니 산 목숨, 뭐든 해야 한다는 것을요. 앉아서 걱정만 하고 슬퍼만 한다고 해서 바뀔 것은 아무것도 없으니까요.

만약 그런 상황에 처한다면 저도 뭐라도 할 것입니다. 야채라도 썰 것이며 설거지라도 할 것이고 배달이라도 하고 인원 체크라도 할 것입니다. 외국인이지만 그래서 할 수 있는 부분이 분명 있을 테니까요. 어려운 때일수록 손을 들고 나서서 도와야 합니다. 그래야 그 공간에 있는 사람들도 희망을 얻고 저 또한 어떤 의미로든 희망으로 나아갈 수 있을 테니까요.

제15장

방사능에 대항하는 사람

유미리 작가

일본으로 시집오고 장가를 온 사람들은 각자 저마다의 방식으로 일본이라는 나라를 경험하며 데이터를 축적해가며 일본에 대한 나름의 상이나 모습을 잡아나갑니다. 즉, 코끼리 앞다리로 시집온 사람에게 일본은 길고 큰 곳이 되겠고, 코끼리 귀 부근으로 시집온 이가 있다면 어찌나 펄럭이는지 하루라도 바람 잘 날 없는 곳이라고 일본을 생각하게 되겠지요.

제 경우 일본인 남편과 혼혈아 세 명의 말과 그들의 행동 반경이 허락되는 부분에서 일본이라는 사회를 서서히 알아가게 되었습니다. 남편의 가족과 친지들, 회사 동료, 그리고 그의 친구들과 그들의 부인들, 그들의 아이들까지가 남편을 통해 확장할 수 있는 인간관계입니다. 대신 아이들 덕분에 각 교육기관에 입학하고 졸업할 때마다, 상급 학교로 올라갈 때마다, 이사를 갈 때마다 새로운 인연을 맺고 이어가고 끊어내는 것은 저의 몫이었습니다.

일본에 사는 한국인 부부가 사는 방법이 다르고, 한일부부라 해도 사는 곳, 아내와 남편 중 어느 쪽이 일본인인지에 따라 가능한 경험치가 각각 다를 것입니다.

제가 일본에 와서 가장 유심히 지켜보는 사람 중 한 분이 바로 유미리 작가입니다. 그는 굳이 분류를 하자면 일본에서 나고 자란 정통 재일교포, 자이니치에 해당하는 분이시죠. 저 같은 경우의 사람과는 타고난 삶의 무게와 지닌 짐의 크기부터 다르며 살아온 이력 또한 그러합니다. 저야 이분들이 모두 토대를 쌓아놓은 상태에서 들어와 수저만 얹어놓고 살아가는 거나 진배없다 해도 과언이 아닐 것입니다.

그런데 유미리 씨는 그렇게 많은 일본인으로부터 공격받았는데도 2018년 4월 9일, 누가 가라고 하지도 않았는데 스스로 선택해 후쿠시마현 미나미소바시에 풀하우스라는 이름의 서점을 엽니다. 서점이 자리한 곳은 후쿠시마 원전 사고가 난 원자력 발전소에서 20킬로미터 떨어진 곳! 저라면 절대로 들어가 살고 싶지 않은 곳입니다. 왜냐하면 원전 폭발 사고 후, 피난 지시 구역으로 지정되었다가 2016년 7월 피난 구역에서 겨우 해제된 곳이었거든요. 그런데 솔선해서 들어간 것입니다.

물론 외부에서 모르는 일반인이 봤을 때는 그가 갑자기 이주한 것처럼 보이지만, 실은 그렇지 않았습니다. 유미리 씨는 원전 사고 후 1년이 지날 무렵부터 자진해서 미나미소바시 재해방송국에서 DJ를 맡으며 재난 피해자들을 위로해주는 방송을 하고 있었습니다. 그 일을 하면서 만난 수많은 사연이 그의 마음을 조금씩 조금씩 바꾸어나갔을 것입니다. 소외받고 고통받고 무시받는 어딘가 모르게 당신과 닮았을 그 삶들의 파편들과 만났겠지요.

그렇게 모두가 염려하고 걱정하는 그곳으로 옮기려고 본격적으로 행동한 것이 2015년 4월이었습니다. 문인들이 많이 산다는 가마쿠라의 살던 집을 처분하고 당시 남편과 아들을 데리고 그곳으로 들어갑니다. 그리고 당시 한 시간 반에 한 대밖에 없던 전차를 기다리던 인근 고등학생들의 쉴 공간을 만들어주고 싶었다던 그의 꿈을 실행으로 옮겼습니다.

일본에서 아웃사이더였던 재일동포로 살면서 실존적인 존재에 대한 고민을 가졌던 유미리 씨. 어느 지점인지 알 수 없지만 후쿠시마에 남아 살고 있던 사람들과 공명하는 지점이 있었을 것입니다. 당시 후쿠시마에서 어렵게 살아남아 다른 현으로 전학을 갔는데, 후쿠시마에서 왔다는 사실이 알려지면 방사능 옮긴다고 왕따를 당한 경우가 한둘이 아니었습니다. 그렇게 적응하지 못하고 결국 다시 후쿠시마로 돌아온 삶들도 많았습니다.

그리고 또 하나, 급변하는 현대 사회의 가정 문제 속에 노출된 개인의 보편적 고통에 대해 늘 고민해왔던 그라면 그런 결정을 할 만도 하다 싶었습니다. 그곳에서 나고 자란 사람들도 사실상 포기하고 있던 곳에 들어와 마음의 부흥을 일으킬 수 있는 문학을 즐길 공간을 만들고자 했다는 점에서 그녀의 타고난 그릇이 다르다는 것을 알 수 있었습니다.

주말이면 유명한 작가의 낭독회가 있고, 유미리 씨가 희곡을 쓰고 그 희곡이 지역 고등학교 연극부 학생들의 연기로 무대에 올랐습니다. 동화책, 그림책, 음식과 식물 관련 책들을 직접 큐레이션하는 서점, 그리고 친근한 이모 같은 분위기의 서점 주인. 일본에서 소외받는 지역으로 들어가 소외받는 이들과 함께하는 그 또한 많은 소외감을 느끼며 살아온 이였기에 그의 행적은 앞으로도 쭉 제 기억과 관심 속에 존재할 예정이랍니다.

제16장

후쿠시마 원전 사고를 복기하라

⟨THE DAYS⟩ 마지막화가 던진 메시지

바둑은 끝나고 복기를 합니다. 그걸 옆에서 보고 있노라면 아니 그 긴 여정을 어떻게 저렇게 다 외워서 똑같이 재현을 할 수가 있을까 아주 신기한 생각이 들지요. 그렇게 구경꾼들에게는 기억나지 않는 한 수 한 수들이 직접 바둑을 두는 입장이 되면 전혀 달라질 것입니다. 많은 생각과 경우의 수를 앞뒤로 다 생각해두었을 테니 본인은 한 수 한 수 잊으려 해도 잊을 수 없을 것입니다.

넷플릭스 시리즈 ⟨THE DAYS⟩의 요시다 마사오 소장이 아마 그러지 않았을까 생각이 듭니다. 마지막 8화에서 이 시리즈의 토대가 된 『요시다 조서』의 생생한 증언을 한 그의 독백은 그래서 울림이 더 크게 다가옵니다. 어떤 수는 잘 풀렸지만, 어떤 수는 좌충수가 되어 스텝이 꼬이게 만들기도 했겠지요. 바둑판 같은 후쿠시마 제1원자력발전소에서 바둑알같이 움직이는 모든 결정과 노력을 한 번쯤은 들여다보는 것, 저와 같이 후쿠시마 원전의 피해를 직간접적으로 입은 사람이라면 꼭 한 번쯤 해두면 나름 정리가 되는 의미 있는 작업이 아닌가 싶습니다.

들기로는 후쿠시마 원전 사고를 다룬 넷플릭스 8부작 시리즈 〈THE DAYS〉는 한국에서 2023년 5월 12일 한국어 자막 예고편이 공개되었다고 합니다. 그러던 어느 날 리스트에서 사라져버렸고 뒤늦 게 7월 20일 다시 공개되었다고 하더군요. 다른 나라에서는 6월 1일 공개되었는데 말이지요. 후쿠시마 제1원전 사고 이후 7일 동안의 이 야기를 다룬 이 시리즈가 왜 한국에서만 늦게 공개되었을까요? 내용 이 민감하다보니 아무 이유가 없더라도 이유를 만들어 갖다 붙일 판 입니다.

특히 많이 떠도는 이야기 중 하나가 오염수 방출과 관련된 설이었 는데요. 2023년 8월 24일 일본 정부의 오염수 방출을 앞두고, 해당 사건을 다룬 내용이 공개되면 당시 오염수 방출에 반대하지 않는 정 부 입장이 더 난처해질 것을 우려한 하나의 꼼수였다고도 하지요. 즉, 우리가 이 드라마를 보면 원자력 발전소 오염수 방출이 얼마나 위 험한가를 금방 인지하게 될 거라는 우려의 반증이 아닐까요?

일본은 아예 오염수라는 말을 쓰지도 못하게 한답니다. 만약 TV에 서 자기도 모르게 그만 '오염수'라는 말을 했다가는 공식적으로 사 과를 해야 합니다. 바로 직에서 잘리고 두 번 다시 방송에 못 나온다 는 것은 일본에 살면 누구나 아는 공공연한 사실이랍니다.

제가 생각하기에 후쿠시마 제1원자력 발전소 사고의 가장 큰 교훈은 역시 가장 기본인 원자력 발전 에너지는 너무 위험하다는 사실이 아니었을까 합니다. 그야말로 한번 사고가 나면 어떻게든 이전으로는 절대 되돌릴 수가 없다는 그 어마어마한 진리를 후쿠시마 제1원전 폭발 사고를 통해 학습했다고 할까요? 그 하나를 배우기 위해 치러야 했던 희생은 너무나도 거대했죠.

넷플릭스 시리즈 〈THE DAYS〉 포스터. 원자력 발전소 폭발 사고의 처참한 모습을 확인할 수 있다.

　참, 후쿠시마 원전의 마스코트가 뭐였는지 아세요? 바로 타조였다고 하지요. 왜냐? 적은 먹이로 큰 새가 되는 게 타조이니까요! 그런 타조는 원전 에너지를 상징적으로 선전할 수 있는 아주 좋은 예가 되었습니다. 원자력 발전소가 타조처럼 소량의 우라늄으로 막대한 전기를 만들어낸다면서 선전을 해댔겠죠. 그래서 선택된 원전의 마스코트 타조. 그러나 원전 사고 후 타조들은 버려졌고 그렇게 거리를 떠돌다 두 마리만이 사람 손에 구조됐지만 끝내 스트레스 때문에 스스로 목숨을 끊었다고 합니다. 값싼 에너지를 얻기 위해 대가를 톡톡히 치른 일본을 위해 희생되고 만 후쿠시마 사람들과 동물들. 이 값비싼 대가는 상상을 초월해 혹독해 보일 뿐입니다.

　이제 겨우 14년밖에 지나지 않았지만 당시 책임자였던 이들은 슬며시 당연하다는 듯 다시 원전을 가동하고, 원자로를 늘리네 마네를

논하고 있는 것이 일본의 현실입니다. 피해를 본 후쿠시마 사람들은 원전의 '원'자만 들어도 치를 떠는데 그녀들의 목소리는 하나도 들리지 않는 곳에서 그저 원자력 원자력! 아니, 눈앞에서 그 많은 것들을 희생하며 배웠는데도 여전히 기회만 되면 원전을 재가동하려는 시도는 왜 이리 수그러들지 않는 것일까요?

동일본 대지진이 일어난 2011년 3월 11일 금요일 오후 2시 46분. 저는 해 질 무렵까지는 안전을 도모하기 위해 집 앞 주차장에서 대피하고 있었습니다. 그래서 TV를 시청할 시간이 없었지요. 완벽한 정보 차단 상태. 공포가 최고조에 달해 있었습니다. 해가 지고 나서야 집 안으로 들어갔고 처음으로 TV를 틀어 NHK 재난해설방송을 보기 시작합니다.

그렇게 보기 시작한 뉴스는 밤새 속보를 내보냈고, 다음 날 후쿠시마 제1원자력 발전소 제1호기가 폭발할 때까지 우리의 유일한 정보원이 되어 주었습니다. 아니 오히려 원전이 폭발한 후 더더욱 TV 정보에 기댈 수밖에 없었습니다. 그때 기억은 단 하나, 계속해서 안전하다고 브리핑을 이어 나가던 당시 에다노 유키오 관방장관의 모습입니다. 그의 그런 초지일관된 모습은 반대로 절대적으로 뭔가가 크게 잘못 돌아가고 있는 것이 아닌가 하는 의심을 샀습니다.

다들 말리는데 굳이 자신이 헬기를 타고 사고 현장을 가야겠다고 출동하던 간 나오토 당시 총리의 모습도 기억하고 있습니다. 긴박한

와중에 의전을 준비해야 하는 상황을 만들어서 비난을 많이 받았던 것 같습니다. 그런 기억을 밑바탕으로 이 드라마를 보면 일단 처음에 거부감이 드는 장면이 있습니다. 어린아이처럼 막 화를 내는 총리 역할을 연기하는 모습입니다. 그의 화는 시종일관 지속되는데, 물론 당시 대응을 제대로 못 한 그에 대한 원망이 담겼을 수도 있지만 그래도 그 정도는 아니지 않았나 싶더군요. 화내는 방식도 너무 어린아이 같고요.

두 번째로 눈에 들어온 것은 그 4기나 되는 원자로를 모두 한 조정실에서 컨트롤하고 있었다는 사실이었습니다. 그 사령탑에 서 있던 야쿠쇼 고지가 연기한 요시다 마사오 소장 역할. 아니 왕이 되고 싶은 자도 아닌데 그가 짊어져야 했던 왕관의 무게는 당시 총리보다 정말 힘들어 보였답니다.

넷플릭스 시리즈 〈THE DAYS〉는 2013년 암으로 숨을 거둔 소장 요시다 마사오 씨가 마지막에 작성했다는 『요시다 조서』와 도쿄전력의 『후쿠시마 원자력 사고 보고서』, 그리고 가도타 류조 씨가 쓴 『죽음의 문턱을 본 남자』를 바탕으로 구성된 이야기라고 합니다. 현장에 끝까지 남아 있었던 직원들을 가능한 한 충실하게 재현했다고 하지요.

사실 이렇게 실화를 바탕으로 한 드라마라면 도쿄전력도 도오전력이란 이름으로 바꾸지 말았어야 했고, 간 나오토 총리 이름도 아즈마 신지라는 가공의 이름을 쓰지 말았어야 합니다. 그래야 그나마 당시 그들의 무능함과 무책임함이 조금이라도 전달될까 말까 하는데 이름을 바꿔서 가공의 회사, 가공의 인물이 되다보니 조금은 다른 이야기가 되고 말지요.

하지만 잘 표현된 점도 있습니다. 바로 동일본 대지진을 다 표현하려 하지 않았다는 점입니다. 처음부터 끝까지 후쿠시마 원전 안에서만, 사령탑과 그 명령에 따라 움직이는 직원들의 작업 내용으로만 서사를 끌고 나간다는 점입니다.

물론 배경을 후쿠시마 원자력 발전소 한 곳에만 집중했다는 한편 일본 관료주의의 문제점을 꼬집고 싶었던 이유도 컸을 것 같습니다. 물론 그 이전의 원초적인 문제점을 가진, 시종일관 비협조적이었던 도쿄전력의 속 터지는 대응도 말하고 싶었겠지만요. 이론적으로 가장 많은 내용을 알고 있어야 하는 도쿄전력의 간부는 도쿄대 경제학과 출신인 문과생이었고, 대피 범위를 지정해야 하는데 원자력위원회는 다른 곳에 문의를 해봐야 안다고 답합니다. 그리고 가장 마지막 줄줄이 폭발하게 생긴 나머지 원자로에 대한 데이터 보고를 가지고 간 도쿄전력의 윗선은 성을 내는 총리 앞에서 그 중요한 보고를 다음에 편한 시간에 하겠다며 물러서고 마는데, 정말 화가 치밀어 오르는 장면 중 하나였죠.

당시 도쿄전력이 얼마나 비협조적이었나 알 수 있는 장면이 있습니다. 1호기가 폭발하는 모습을 가장 잘 알고 있어야 할 총리조차 TV를 통해 그 사실을 인지했다는 점입니다. 폭발 후 한 시간 뒤에서야 서면 보고가 올라왔다고 하지요. 당시 해수를 사용해 원자로를 식히면 조금이나마 피해를 줄일 수 있었지만 도쿄전력은 자사만의 이익을 생각해 끝까지 못하게 막고 있었습니다. 급하다고 해수를 사용하면 나중에 모든 원전 설비를 다시는 못 쓰게 되기 때문이었습니다. 아니, 사태가 심각한데도 설비를 다시 살릴 생각을 하고 있었다니요! 심지어 그런 방법이 있음을 총리에게 보고도 하지 않았다는 것이 후에 밝혀집니다.

간 나오토 총리가 개인적인 인연이 있는 학자들에게 물어 판단을 내렸고 그나마 그 덕분에 피해를 줄일 수 있었는데, 드라마에서는 반대로 묘사해서 정부 욕을 하게끔 만들었다는 점도 문제로 지적되고 있답니다.

드라마는 역시 드라마인지라 사건 해결 과정이 영웅담과 같은 전개를 담고 있습니다. 명령에 절대로 복종하는 모습, 연장자들이 젊은 이들 대신해 희생(죽음)을 각오하는 모습, 각자가 맡은 일은 어떻게든 해내려는 장인정신 같은 모습은 드라마처럼 잘 그려집니다. 그중에서도 중간에 용기 있는 젊은이 세 명이 그 자리에서 사의를 표명하는 장면이 나옵니다. 하지만 요시다 마사오 소장은 이를 받아들여주지 않습니다.

그렇게 일본이라는 나라를 위해 후쿠시마 제1원자력 발전소 정직

원들은 죽음을 담보로 어떻게든 폭주하는 원자력 발전소를 막아보려 하지만 속수무책입니다. 끝내 폭발해버리고 마는 그 황망한 모습들. 뉴스 속보로 접했던 폭발 장면은 드라마 속에서도 몇 번이고 반복됩니다. 그 폭발로 모든 세상이 끝나버릴 것 같았던 절망적인 느낌.

이후에 겪었던 방사능 수치 측정과 놀라운 결과에 우려와 걱정을 멈출 수 없었습니다. 무슨 효과가 있는지 의심스러웠음에도 반복하고 반복할 수밖에 달리 방도가 없었던 제염작업과 최근의 오염수 방출까지. 후쿠시마 제1원자력 발전소 사고는 우리에게 아직도 더 깨우쳐야 할 게 있다고 알려주려는 듯 계속해서 그 책임을 물어오고 있습니다.

만약 난카이 해곡 대지진이 예언대로 일어나 쓰나미가 몰아닥치면 또 일본의 국토 어딘가에서는 후쿠시마 같은 원전 사고가 나지 말란 법은 없습니다. 물론 학습효과는 작용하겠지요. 후쿠시마 원전 사고를 보면서 비상용 디젤 발전기를 더 손봤거나, 아니면 설치 장소를 더 높은 곳으로 옮겨 쓰나미가 와도 침수 피해를 입지 않게 해두었을 겁니다. 아니 그렇게라도 해두었을 거라고 믿고 싶습니다. 이 드라마의 하이라이트는 제8화 마지막 화 독백에 있습니다. 한 줄 한 줄을 채록해 일본 전국 각지의 원자력 발전소 곳곳에 붙여놓고 싶을 정도로 가슴 아픈, 참으로 희생이 컸던 교훈이 아닐까 싶습니다.

넷플릭스가 저게 만약 〈THE DAYS〉의 리뷰를 부탁해 온다면 첫

줄에 이렇게 적을 것입니다.

"이런 유의 드라마는 이제 정말, 이 작품이 마지막이어야 할 것입니다!"

넷플릭스 시리즈 〈THE DAYS〉 한국어 예고편 마지막 장면. 배우 야쿠쇼 고지가 요시다 마사오 소장 역으로 분했다. 그는 우리가 꼭 한번 생각해봐야 할 질문을 던진다.

에필로그

여전히 지진이 두려운 당신에게

제가 일본으로 건너온 뒤 제 삶이 100퍼센트 바뀌었듯이, 동일본 대지진과 후쿠시마 원전 사고는 그 일대 사람들의 삶을 100퍼센트 바꾸어놓았습니다. 전자인 저는 어찌 보면 원해서 바꾼 삶이라면 후자는 자신들의 의사와는 전혀 상관없는 변화였을 것입니다.

자연재해 앞에서 사실 우리 인간이 할 수 있는 일은 적습니다. 동일본 대지진, 후쿠시마 원전 사고의 후유증과 뒤처리도 여전히 진행 중인데, 또다시 도쿄 수도직하형 지진, 난카이 대지진, 후지산 폭발과 같은 이전 것들과는 쨉도 안 되는 예언들이 줄지어 터질 날만 기다리고 있습니다. 언제 일어날지 모른다는 이 불안감은 사람들을 어떤 방향으로 움직이게 만들까요?

사실 일본인들의 기본 마인드 중 하나는 '언젠가 내 차례가 올 지도 모른다'는 자포자기식 불안감입니다. 이번에야 운이 좋아 피했다지만, 다음번엔 내가 될 수도 있다는 마음의 준비. 안타깝게도 20년차 일본생활자인 저에게도 슬슬 이런 마음이 생겨나고 있답니다.

제가 아르바이트를 하는 요양시설에서 설문지 하나가 배포되었습니다. 지진이 일어날 경우, 지역 사회를 위해 어느 정도로 일할 수 있느냐는 사전조사 내용이었는데요. 저는 그 종이에 나와 내 가족을 우선해야 하기 때문에 마음은 있으나 참여불투명이라는 곳에 체크를 했습니다. 실상 아무것도 일어나지 않았을 때, TV 속에서 재난재해 장면을 볼 때는 나도 힘이 닿는 한 돕고 싶다는 마음이 생기지만 실제가 되면 달라질 것을 알기 때문이었습니다. 한동안 정말 그것밖에 선택하지 못한 나 스스로에게 의기소침해 있었습니다. 물론 노토반도 대지진이 일어난 뒤의 저는 뭐라도 나서서 돕겠다는 마인드로 바뀌었답니다.

사실 한 치 앞도 모르는 것이 사람 인생, 극단적으로 보자면 오늘은 살아 있지만 내일은 어떻게 될지 모르는 게 우리네 인생입니다. 하지만 그런 상황에서도 그 모든 예언이 절대로 나에겐 일어나지 않을 거라고 안심하고 있는 것이 솔직한 마음일지 모릅니다. 결국 이런 자연재해들은 닥치고 나서야, 자신이 당하고 나서야 비로소 그 무서움을 깨닫기 때문입니다.

하지만 지금껏 20년이라는 시간을 외국인 신분으로 일본에서 살면서 겪은 지진들을 더듬어보니 역시 자신의 생활 속에, 생각 속에, 신념 속에 알게 모르게 영향을 끼치고 있었음을 뒤돌아볼 수 있었습니다. 외국인 한 명이 일본에 살면서 겪는 자연재해는 일본 어느 지역에서 살았는지에 따라 그 경험치가 천양지차입니다. 그러나 자신이 살 곳을, 유학 갈 곳을 정할 때는 자신의 의지도 물론 중요하지만 역시 그 지역과 '연'이 있어야, 그 연이 닿아야 함을 느낍니다.

저야 생활의 기반이 일본으로 완전히 바뀐 경우라 또 다른 종류의 삶이지만, 일본에는 저마다 각자의 사연을 안고 각자의 일을 갖고, 각자의 공부를 하면서 많은 이들이 살아가고 있습니다. 짧게 여행을 왔다 가는 이들도 있고, 워킹홀리데이로 일본을 찾는 이도 있습니다. 운이 좋은 이는 한번도 지진을 경험하지 못하겠지만, 어떤 이는 단 3일을 여행와도 지진을 경험할 수도 있습니다. 즉, 어디서 어떻게 지진이나 쓰나미를 만나게 될지는 아무도 모른다는 뜻입니다.

당장 주변에 그런 재난재해로 피난을 온 사람을 만날 일이 없으니 제겐 항상 재난재해는 TV 속에 머물러 있는 남의 일 같기만 합니다. 동일본 대지진이 훑고 지나간 지 5년 뒤인 2016년에 도호쿠 지방을 여행했을 때 먹먹한 기분도 들었습니다. 하지만 그 재난 현장을 봤을 때 느꼈던 감정도 세월이 흐르고 나니 옅어지고 맙니다. 저와는 반대로 지금도 그때 겪었던 지진재해로 인해, 쓰나미 재해로 인해, 원전 사고로 인해 여전히 그때의 기억에서 벗어나지 못하고 있는 이들도 있을 것입니다.

재난을 대비해본다고 하지만 언제 찾아올지 모르는 재난을 항상 생각할 수는 없습니다. 그러다보니 안전 의식은 다시 옅어지고 말지요.

그런 주기적인 반복 사이 어딘가에 우리는 서 있을 것입니다. 이 책이 그 어딘가에 서 있을 당신에게, 다시 한 번 마음을 추스르고 재난재해에 대한 경각심을, 그 위험도를 인식시켜줄 수 있다면 좋겠습니다. 그리고 그런 지진을 한번도 경험하지 못한 분들에게는 어떤 느낌인지 간접적인 체험을 할 기회였으면 좋겠다는 생각이 듭니다.

여러분이 전혀 하지 않는 고민을 하는 어떤 나라가 있고, 그 재난재해가 많은 나라 사람들은 살면서 받는 나름대로의 스트레스가 있다는 사실을. 서로 옆 나라에 사는 사람들로서, 서로 제일 많이 오가는 나라 국민의 입장으로, 그 내면을 한 번쯤은 들여다볼 수 있었으면 좋겠습니다.

니시노 가나의 〈취급설명서〉(トリセツ)라는 노래가 한때 일본에서 대히트를 친 적이 있습니다. 노랫말 뜻은 곧 결혼할 여자친구가 남자친구에게 자신을 어떻게 대해줘야 하는지에 대한 꼼꼼한 내용이었지요. 이를 계기로 여러 버전의 취급설명서가 선보였습니다. '아내 취급설명서'라든지, '남편 취급설명서' 등등.

여기서 한 걸음 더 나아간 저는 마지막으로 '지진 취급설명서'를 작성해봤습니다. 비록 개사이지만 마음은 예지몽 예언가 다쓰키 료 씨에 빙의했고요. 자신의 의지가 작동하지 않는 지진을 대하는 법을 안내해드리며 마지막 인사드립니다.

〈취급설명서〉
노래 듣기

지진 취급설명서

이번에 내 예언을 믿어줘서 아주 고마워

예언이 적중하기 전에 지진 취급설명서를 잘 읽고

앞으로 제대로 다뤄줬으면 해

한번 온 대형 지진은 반품은 할 수 없어

미리 양해 구할게

갑자기 찾아올 때가 있어

이유는 묻지 말아줘

나도 몰라. 하지만 늘 미안해

모든 일상을 순식간에 망가뜨려서 말이지

하지만 그럴 때도 화를 내지 말고 일어난 상황을

그대로 받아들여줬으면 좋겠어

정기적으로 준비하면 마음이 좀 놓일 거야

비상식량은 유효기간 잘 확인하고

제때제때 바꿔두라고

그런데 오랜 시간 지진 안 일어난다고 투덜대면 안 돼

돈만 날린 것 같다고 한숨을 쉬어서도 안 돼

맨날 준비해도 지진이 오지 않았을 때는

이미 일어났던 대형 지진을 떠올려봐줘

그때 그날의 공포를 말이지

앞으로 잘 부탁해

내가 언제 어디서 일어날 거라고 나조차 보장해줄 순 없지만

이런 나이지만, 너희가 준비를 잘하면

최소한의 피해 규모로 줄여갈 수 있을 거야

영원히 너희 옆에 있을 나니까

의외로 담담하게 하루하루를 살아내는 것을 추천해

아무 일도 없는 날은 꽃 한 송이를

스스로에게 선물해봐도 좋을 거야

마음가짐이 중요해

삶은 짧든 길든 이런 센스가 있어야 빛이 나거든

만약 이 지진에 너나 네 가족들이

일을 당해서 눈물을 흘리고 있다면 미안해

그런 널 꼭 안아주고 싶지만

그건 네가 치유해가야 할 네 몫이 될 거야

그러니 앞으로 잘 부탁해

그런 반갑지 않은 나이지만

앞으로 잘 부탁해

나를 잘 대비해줘

가끔은 여행길에 만나게 될지도 몰라

거의 너의 기념일이 될지도 모르지

어떤 날에 일어나건

그건 너의 운명이 될 테니

원망은 말아줘

그저 가능하다면 앞으로 너와 겹치는 길이 없도록

서로 피해 갈 수 있기만을 염원해볼게

이런 나이지만 앞으로 잘 부탁할게

2025년 길일

나운영

다시는 겪고 싶지 않은 지진의 공포

일본이 침몰한다고?

동일본 대지진 경험자의 실전 생존 매뉴얼

초판 1쇄 펴낸날 2025년 6월 15일

지은이 나운영
펴낸이 서상미
펴낸곳 책이라는신화

기획이사 배경진·권해진
기획·책임편집 박현주·편집 김윤정
디자인 오신곤(시고니아)
일러스트 오신곤·강민서
홍보 문수정·오수란·이무열·이도형
마케팅 황찬영
독자 관리 이연희·콘텐츠 관리 김정일

독자위원장 민순현

출판등록 2021년 12월 22일(제2021-000188호)
주소 경기도 파주시 문발로 119, 304호(문발동)
전화 031-955-2024·팩스 031-955-2025
블로그 blog.naver.com / chaegira_22
포스트 post.naver.com / chaegira_22
인스타그램 @chaegira_22
유튜브 책이라는신화 채널
전자우편 chaegira_22@naver.com

ⓒ나운영, 2025
ISBN 979-11-990256-5-3 03400